纽约城市
更新中的
形式逻辑

THE FORMAL LOGIC OF URBAN RENEWAL IN NEW YORK CITY

周林 著

中国城市出版社

本书为2019年国家留学基金委青年骨干教师出国研修项目“历史空间活力复兴策略与创新设计研究”（CSC NO.201906795028）、2021年江南大学一流本科课程（线上、混合式）建设项目《创新设计图解构思》、2022年江南大学教育教学改革专项（项目编号：1132050205220610）、高等学校学科创新引智计划项目“体验设计前沿方法与技术学科创新引智基地”（项目编号：B18027）、江南大学产品创意与文化研究中心资助研究成果。

自 序

本书缘起于对"城市弱势空间再生"若干问题的长期关注，又因"历史空间活力复兴策略与创新设计研究"课题受国家留学基金管理委员会资助，笔者于2020年赴美国帕森斯设计学院访学一年，遂将研究所得付梓出版。

目前，全球一半以上的人口居住在城市，预计2050年世界人口的66%是城市居民，这将极大地扭转1950年以来的全球城乡人口分布比例。世界各国在大规模的城市改造和建设中往往忽视自身传统，面临着城市面貌趋同、缺少文化认同的特色危机。纽约作为世界重要的经济、文化和艺术中心之一，在城市化浪潮中一直处于领跑者的地位。纽约的城市更新历时近四百年，发展过程中同样经历了植入、探索、重构与反思阶段，这使得纽约的城市更新在世界范围内成为一个缩影。

目前我国关于纽约城市更新的研究虽有一定数量，但整体而言呈零星、分散的状态，从设计学科"形式逻辑"视角进行系统性研究则更为鲜见。形式逻辑原是逻辑学科的重要概念，是研究思维过程自身规律的学说。设计学中的形式逻辑引申为以形式为对象的因果规律、脉络演变、要素分析等综合性研究。本书希望通过总结美国城市更新中的形式特征及其设计规律，对我国生态文明城市建设及当代人居环境设计提供有益视角。

每一届访问学者都肩负着不同的时代使命，需要有所作为。然而研究渐入正题之际突遭新冠疫情肆虐，纽约一度成为美国的重灾区。设计研究毕竟难为无米之炊，为获取一手资料，成书过程中笔者毅然按计划开展了广泛的实地考察。本次考察途经30州，共整理城市设计、城市公园、国家公园案例85例，走访知名院校及博物馆40余处；拍摄纽约建筑245例、公园景观138例、ASLA获奖案例25例、公共艺术作品90例及环境设施60余例。回望来路虽然偶遇波折，但未曾虚度一寸光阴又让内心无比充实。

访美期间得到了国家留学基金委、院校领导和研究团队的亲切关怀，导师*Brian McGrath*教授全程给予了悉心指导，在此一并表示衷心感谢！因学力不及，书中难免存在一些疏漏，敬请批评指正。

图1 简氏旋转木马

简氏旋转木马（*Jane's Carousel*）1922年建造于俄亥俄州，2011年在纽约重新向公众开放，建筑由让·努维尔（*Jean Nouvel*）设计。

图2 猎人角南海滨公园

魏斯/曼弗雷迪设计事务所（*Weiss/Manfredi*）将长岛市的一处工业区废弃用地改造成符合可持续理念的城市开放空间。

图3 从威霍肯东望曼哈顿

从新泽西州威霍肯（*Weehawken*）登高远眺，中央公园塔楼、西57街111号、公园大道432号等超高层建筑打破了天际线的视觉平衡。

Allianz

图4 暮色中的曼哈顿下城

曼哈顿（*Manhattan*）一词是从原住民里纳佩人的语言中翻译而来，原指“多山的岛屿”。现为纽约五个行政区中密度最高的一个区。

目 录

自 序

引 言

1 纽约的形式源流

1.1 维特鲁威“公式” 007

1.2 走向新建筑 015

1.3 隐形的垄断 029

2 网格式城市格局

2.1 资本逻辑 039

2.2 “容器”之争 043

2.3 私有公共空间 053

2.4 共享交往街道 067

3 艺术之于城市

3.1 艺术微更新 075

3.2 逆流的音符 081

3.3 女性空间 086

3.4 让艺术流行起来 092

4 城市伤痕美学

4.1 悲剧的叙事重构 103

4.2 仪式语言 110

4.3 穿越时代的铁路 116

4.4 隐喻的花园 125

结 语

参考文献

图片来源

引 言

纽约市（*New York City*）自1790年以来一直是美国最大的城市，共有曼哈顿、布朗克斯、皇后区、布鲁克林、斯塔滕岛5个行政区（图0-1）。它地处世界经济最为发达的城市群，如果把纽约州、康涅狄格州、新泽西州和宾夕法尼亚州的结合区域看作是一个都会区的话，将位列国家GDP排名第13位（表0-1）。

2012年国家或都会区国内生产总值（GDP）排名[1]
（单位：十亿美元）

表0-1

排名	国家或都会区	2012年
1	美国	15566
2	中国	8232
3	日本	5960
4	德国	3428
5	法国	2611
6	英国	2480
7	巴西	2254
8	俄罗斯	2014
9	意大利	2013
10	印度	1875
11	加拿大	1821
12	澳大利亚	1541
13	纽约–新泽西北部–长岛，纽约州–新泽西州–宾夕法尼亚州	1335

[1] 数据引自2013年11月《美国都市经济》统计表第9页。该刊由经济预测机构“IHS全球洞察力”编制，供美国市长会议以及都市经济与新美国城市委员会使用。（*U.S. Metro Economies. IHS Global Insight, The United States Conference of Mayors, and The Council on Metro Economies and the New American City. November 2013. pp. 9 in Appendix Tables.*）

图0–1 纽约市

1790年，纽约取代费城成为美国第一大城市。1898年，纽约县、布朗克斯县、国王县、皇后县和里士满县合并为现在的纽约市。

繁荣的经济、层叠起伏的高楼、多元杂糅的文化让纽约成为世界上被游客拍照次数最多的城市。在塑造城市形象的过程中，纽约大量吸收了移民的宗教习俗和历史传统，创立了极具包容性的城市艺术。纽约的城市更新受到过殖民主义、古典复兴、装饰主义等建筑运动及文艺思潮的影响，也经历过工业化、城市化带来的现代主义探索，但整体面貌并未由于某种新形式的出现而趋于同质。新形式和历史环境似乎按照一种逻辑秩序交替更迭，相互依存。这种“形式逻辑（*Formal Logic*）”[1]正是保持城市特色、延续历史文化的关键因素。

城市的形式逻辑极易受到人为因素的影响，也必然依托于客观的地理条件。从自然角度看，纽约市北接康涅狄格滨海平原，东西与长岛、新泽西州相邻，陆地面积303平方英里（图0-2）。南部面海，拥有520英里的海岸线。属温带大陆性气候，年均降水量约1260毫米，日照率为57%。又受大西洋和阿帕拉契山脉的共同影响，夏季平均温度为23℃，冬季则暖于同纬度内陆城市。它位于大西洋迁徙路线沿线，使这座城市成为350多种候鸟季节性迁徙的越冬栖息地和拥有7000多种动植物物种的丰富生态系统。这些自然条件为纽约提供了良好的生态环境，在美国人口最多的50座城市中，纽约市公园系统位列第二。

纽约市内有12个国家公园、7个州立公园和超过28000英亩的市立公园，公园用地占比达14%，其中许多公园都是在200年前设计的。1686年，总督托马斯·东安（*Thomas Dongan*）签署城市宪章，正式将闲置空地纳入市政管辖。1733年，鲍灵·格林公园（*Bowling Green Park*）成为纽约第一个市政公园。纽约公园可分为早期公园时期（1686-1811年）、大都会公园时期（1811-1870年）、大纽约公园规划时期（1870-1898年）、游乐场和公共休闲区建设时期（1898-1929年）、罗伯特·摩西现代公园系统时期（1929-1965年）、调整恢复时期（1965-1987年）和重塑公园时期（1988年至今）7个阶段，而1857年竣工的中央公园（*Central Park*）成为纽约城市形式逻辑形成的重要分水岭（图0-3）。

中央公园占地341公顷，任意一张纽约地图都能轻易看出它占据着曼哈顿中心区域。城市分区、建筑布局、道路交通围绕中央公园依次展开，加剧了网格式城市格局的形成。中央公园建成后，周边地区的房地产价格上涨了700%，毗邻中央公园的第57街更被称为“亿万富豪街”。“留白”的中央公园与四周高密度建筑群所形成的视觉反差成为区别于其他城市的核心差异性特征。中央公园一举奠定了美国景观设计（*Landscape Architecture*）的学科基础，在一百多年的现代设计教育中培养了一代又一代杰出的专业人才。他们在纽约现代城市环境建设中起了关键作用，引领了一次又一次形式潮流。在美国景观设计师协会公布的ASLA专业奖（2005-2020年）中，所在地为纽约市的获奖案例有25例，获奖28项。其中杰出奖1项，地标奖2项，高线公园（*The High Line*）、布鲁克林大桥公园（*Brooklyn Bridge Park*）和猎人角南滨水公园（*Hunter's Point South Waterfront Park*）分别两次获奖。

除了流淌着的自然基因，人口密度也是纽约城市形式逻辑形成的基础条件。1840年代，伴随着美国产业政策的调整及农业生产效率的提高，大量乡村

[1]“形式”和“逻辑”都是古希腊哲学的重要概念，“形式”源于词根*idein*，与*Morphe*（形状）同义，指可以与其他事物相区分的外在形状或内在的结构、组合方式。“逻辑”的字根源起于希腊语*λόγος*（逻各斯），表示客观事物相互联系和发展的规律性。“形式逻辑”最早是逻辑学概念，是研究思维过程自身规律的学说。设计学中的“形式逻辑”概念则倾向于描述以形式为研究对象的因果规律。

图0-2 纽约市区示意地图

纽约市总面积468平方英里，其中陆地面积占65%，水域面积165平方英里。平均海拔23米，最高海拔294米。约7.5万年前的威斯康星冰川运动促成了长岛与斯塔滕岛的分离，坚固的基岩奠定了日后摩天大楼的基础。

图0-3 纽约的城建节点

纽约人口从1811年的9.7万人发展到1850年的50万人，更多的市民开始主张建立一个大型中央公园，以缓解这座城市的拥挤状况。

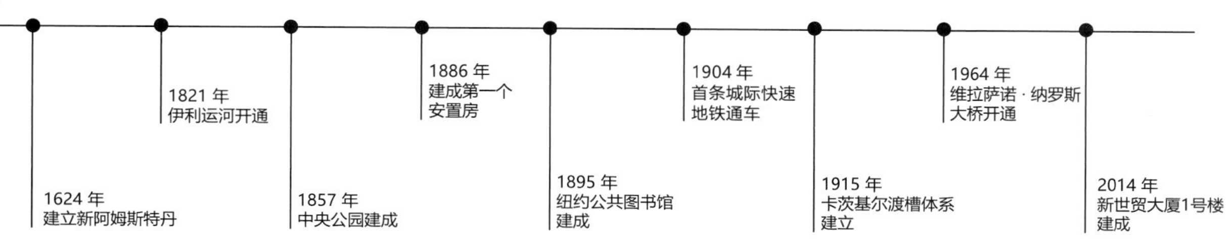
1624 年
建立新阿姆斯特丹
1821 年
伊利运河开通
1857 年
中央公园建成
1886 年
建成第一个
安置房
1895 年
纽约公共图书馆
建成
1904 年
首条城际快速
地铁通车
1915 年
卡茨基尔渡槽体系
建立
1964 年
维拉萨诺 · 纳罗斯
大桥开通
2014 年
新世贸大厦1号楼
建成

曼哈顿下城区天际线的演变（1903-2018年）[1]　　表0-2

年份	建筑
1903	纽约证券交易所大厦
1912	华尔街14号
1913	伍尔沃德大楼
1914	市政大厦
1915	公平大厦
1916	百老汇大道195号
	亚当斯速递大厦
1924	标准石油大楼
1926	威瑞森大楼
1927	百老汇大道50号
	菲利浦·斯塔克市中心大楼
1928	交通大楼
	派恩街20号
	百老汇大道39号
1929	华尔街63号
1930	美洲大道32号
	特朗普大厦
	市中心俱乐部
1931	格林威治俱乐部
	约翰街116号
	交易广场20号公寓
	百老街80号
1932	华尔街1号
	百老街30号
	派恩街70号
1936	瑟古德·马歇尔联邦法院
1958	威廉街110号
1959	百老汇大道2号
1961	百老街60号
1961	派恩街80号
1963	自由街28号
1965	房屋保险广场
1967	雅各布·贾维斯联邦大厦
	百老汇大道140号
1968	百老街55号
	华尔街111号
1969	华尔街100号
	纽约广场1号
	州街广场1号
1970	百老街125号
1971	水街200号
	巴特里公园广场1号
1972	世界贸易中心*
1973	自由广场1号
	水街广场
	水街55号
1974	AT&T长线大厦
1976	孔子广场公寓
	珍珠街375号
1982	百老汇大道55号
1983	水街175号
	大陆中心
	百老街85号
1984	海港广场1号
1986	布鲁克菲尔德广场
	布罗德金融中心
1987	世界贸易中心7号楼
	自由法院大楼
1987	老斯利普32号
1988	翠贝卡大楼
	州街17号
1989	华尔街60号
1992	千禧年希尔顿饭店
1994	弗利广场联邦法院
	弗利广场联邦办公室
2001	千禧点酒店
2004	自由广场
2005	黄金街2号
2006	巴克莱大楼
	世界贸易中心7号楼
2007	比克曼大厦
	千禧大厦寓所
2008	幻视大楼
	华伦街101号
2010	威廉·贝弗公寓
	石街8号
	纽约市中心W酒店
	西街200号
2013	世界贸易中心4号楼
	世界贸易中心1号楼
2016	伦纳德街56号
	公园广场30号
2017	水街180号
	西街50号
	贝克曼酒店公寓
2018	世界贸易中心3号楼
	默里街111号

[1] 1901-1950年共计26幢，1951-1975年共计21幢，1976-2000年共计18幢，2001-2018年共计22幢。原世界贸易中心因“9·11”恐怖袭击事件被毁，因此实际总数为86幢。

人口向纽约转移，城市规模进一步扩大。这一时期美国城市人口激增，至1910年已经增加了七倍。作为外来移民入境美国的主要口岸，1892年至1924年间又有超过1200万欧洲移民经由埃利斯岛入境美国。在全市840万常住人口中有近37%的居民出生于海外，预计到2040年纽约人口规模将达到900万（图0-4）。

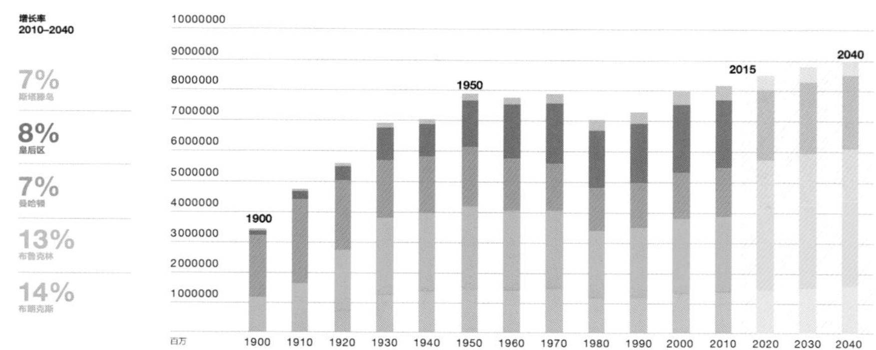

图0-4 纽约市人口规模

2020年纽约市拥有近840万人口，创历史新高，其中又以布鲁克林和布朗克斯的增长最快。与此同时，纽约市人口也在迅速地老龄化。到2040年，65岁以上的人口数量将超过学龄儿童。这些变化将给城市设计带来新的挑战。

人口的急剧增长深刻地影响了纽约的城市形态。其结果是运输和基础设施承受着巨大的压力，以致建筑密度不断提高。1903年，自纽约证券交易所大厦建成起，城市的高度开始不断刷新。随着升降机的出现以及钢筋混凝土技术的进步，纽约标志性建筑——帝国大厦以罕见的建造速度落成，102层的高度也成为保持世界最高建筑地位最久的摩天大楼（1931-1972年）。至1929年，纽约摩天大楼数量已达到188幢，此后仍然保持着相当的建造规模。1930年至2018年间，其中仅曼哈顿下城区就新增摩天大楼71幢，这些高楼交替攀升不断改变着纽约的天际线（表0-2）。

除了自然条件、景观设计、人口密度和技术革新等因素，纽约城市形式逻辑的形成和发展还体现为建筑思潮的更迭、城市格局的嬗变、艺术的介入和历史文脉的美学传承。纽约建筑跨越了不同的历史时期，从美国现存最古老的荷兰殖民风格建筑威科夫故居，到新古典主义风格的劳纪念图书馆、布杂艺术特色的大中央车站；又从探索装饰艺术表现手法的克莱斯勒大厦，再到为现代主义首开风气的利华大厦，纽约几乎从未缺席过17世纪以来的建筑思潮运动。

纽约建筑创作的繁荣又是以20世纪以来世界金融中心地位为支撑的。换言之，纽约建筑形式更迭体现了资本逻辑和工商阶层的审美取向。资本对于城市格局的形成、基础设施建设、公共服务、吸引游客以及提供艺术和文化场所至关重要，不断发展的金融资本也给市政府带来了大量税收。纽约艺术资助年度预算因此超过了美国国家艺术基金会，使其成为拥有2000多个艺术和文化组织、700家艺术画廊、130家博物馆和40家百老汇剧院的艺术之都。大量艺术家通过创作反哺城市，极大地丰富了城市的形式界面。同时，稳定的经济增长还为37000座历史建筑和149个传统街区提供了有效保护，增强了现代语境下城市文脉的延续性。

1 纽约的形式源流

1.1 维特鲁威“公式”

两千年前，维特鲁威（*Vitruvius*）定下了“实用、坚固、美观”三要素公式，奠定了古典主义建筑的理论基础。然而从欧洲的视角看来，建筑学意义上的纽约直到16世纪中叶才出现。在欧洲人到来之前，包括纽约州、新泽西州、宾夕法尼亚州和特拉华州一带被称为里纳佩霍金（*Lenapehoking*）的广阔地区，居住着里纳佩人[1]。1609年，在荷兰一家公司工作的英国探险家亨利·哈德逊（*Henry Hudson*）驶入海湾，发现了里纳佩人的故乡。双方早期的往来是和平的，并且时常有礼物交换。但随着欧洲人开始使用暴力、强迫迁徙和宗教同化等手段提出领土要求，里纳佩人被迫远走西部。1624年，荷兰人通过开设西印度公司建立起殖民地，其中就包括了曼哈顿岛上的新阿姆斯特丹市。至1664年，英国人接管了该殖民地，并将其更名为“纽约”。

在英国的统治下，纽约的海上贸易不断扩展。1775年，纽约已经成为继费城之后的第二大城市。英国定居者与法国新教徒、德国人、非洲人和犹太人混居在一起，并保留了殖民国家的建造方式和与之相关的风格。这种起源于欧洲，主要由英、法、荷、德定居者转移到殖民地并融入当地技术的建筑风格被统称为殖民主义风格（*Colonialism*）。此时的英国殖民者对待宗教信仰采取较为宽松的政策，取消了公众宗教习俗的大部分限制。18世纪末，纽约已拥有8个不同的新教教堂和1个犹太教堂，殖民主义风格也随着大量宗教建筑的兴建而广泛流行。时至今日，仍然可以看到大量保存下来的殖民主义风格建筑，这些特征往往更多地集中在结构或材料上，而不是装饰上。

在此过程中，建筑风格和殖民化是共生的，殖民政权试图重塑被殖民人民的文化和艺术形象，将他们融入自己的意识形态。因此，纽约大量的殖民主义风格建筑运用了古典主义表现手法，这就使得在谈论某些风格或样式之间的界限时显得有些模糊。殖民主义和古典主义手法几乎天然地融合到19世纪纽约的建筑之中，这一追随古典主义先例的建筑艺术思潮后来被定义为新古典主义风格（*Neoclassicism*）。如今纽约许多令人印象深刻的建筑，都是按照罗马式、格鲁吉亚式或帕拉第奥式新古典主义风格设计的。

[1] 里纳佩人自称为“*Lenni-Lenape*”。1758年，里纳佩人被迫签署《伊斯顿条约》。历经数代迁徙，终于在堪萨斯州、俄克拉荷马州、威斯康星州和加拿大安大略省定居，目前共有大约有16000人。

纽约最为典型的新古典主义建筑包括大都会艺术博物馆、弗里克收藏馆以及位于布鲁克林展望公园静水湖东北岸的船屋。它建于1905年，由赫尔姆勒（*Helmle*）、胡伯蒂（*Huberty*）和哈德斯威尔（*Hudswell*）共同设计，设计灵感来自16世纪威尼斯圣马可美术学院图书馆。建筑采用折中式新古典主义设计手法，底层西侧排列青铜灯柱，外墙采用多立克柱式间以交替的拱券，并饰以带状装饰，具有宏伟、对称、强调秩序的特点（图1-1）。二层阁楼采用低矮的罗马式屋顶，环绕阳台的石质栏杆不同于陈旧固定的风格样式，比例划分细致，线条优美流畅。船屋建成后多年未得到充分利用，在1964年几乎被拆毁，但1972年的一场保护运动使船屋被列入国家历史名胜名录。如今这座建筑是奥杜邦协会（*Audubon Society*）的城市介绍中心所在地。

与船屋不同，铁路大亨埃德温·利奇菲尔德（*Edwin Litchfield*）的山顶别墅采用了不对称式的新古典主义手法。建筑师亚历山大·杰克逊·戴维斯（*Alexander Jackson Davis*）将圆形、方形和八角形塔楼统一在建筑物主体当中，塔楼顶部设有阳台，装饰以雕花的木质栏杆（图1-2）。建筑立面开有拱形窗户，科林斯柱式细节呈凹槽状，柱头首部并未采用传统的叶形装饰，而改为小麦和玉米穗纹饰。装饰精美的檐孔细节呼应了帕拉第奥式风格，主山墙未经修饰，浅色泥灰与砖砌的外墙形成鲜明对比。八角形塔楼内部采光井呈圆形，精致的木栏杆和华丽的石膏饰带也是新古典主义风格的重要特征。利奇菲尔德别墅于1857年建成，11年后由于展望公园土地征用被迫出售。它后来成为公园行政办公室，现在是纽约市公园局布鲁克林总部的所在地，1966年被指定为纽约市历史地标建筑。

1.2 走向新建筑

维特鲁威公式看似简单，建筑要求功能合理、结构牢固、外观新颖，然而回顾工业革命以来建筑思潮的更迭演进，三者之间似乎并非平衡发展甚至相互悖论。表面上看这似乎是形式与功能之争，装饰艺术派（*Art Deco*）直面工艺与工业之间的紧张关系，提倡美观的、有历史感的、建立在情感基础上的建筑形式。他们完善了华丽的工艺美术运动风格，勇于在设计中结合古典形式，外观上大量采用传统装饰乃至于牺牲功能性。这一脉思潮无疑受到19世纪英国建筑理论家约翰·拉斯金（*John Ruskin*）的深刻影响。

反对者也旗帜鲜明地阐发了主张装饰极简的审美学说。维奥莱·勒·杜克（*Eugene-Emmanuel Viollet-le-Duc*）认为建筑要体现出结构理性主义，保持前卫而朴素的风格。未来派（*Futurism*）则进一步摒弃了历史参考，倾向于使用工业时代的新技术。1925年，格罗皮乌斯（*Walter Gropius*）在《国际建筑》一书中更是强调设计应当遵从理性程序，努力摆脱地方特色和历史传统的限制。随后，菲利普·约翰逊（*Philip Johnson*）不失时机地提出了一种不受特定场所条件限制的建筑风格——国际主义风格（*International Style*）。

事实上早期现代主义建筑的先驱者们并非要刻意发明一种新的风格，这些19世纪后期开始流行的一系列样式和设计运动，包括工艺美术运动、装饰艺术和各种现代主义流派都起源于工业技术的创新。1851年的伦敦水晶宫、1889年的巴黎埃菲尔铁塔让建筑师看到了钢铁、混凝土和玻璃结合的可能性，带动了审美原则的跟进，进而演化为相应的设计体系。因此当建筑师路易斯·沙利文（*Louis Sullivan*）写下“形式随从功能”一句时，他无法想象这句格言对于设计界的影响。

现代主义（*Modernism*）的形式逻辑正是围绕着这种简单的格言而发展起来的。正当国际主义风格热衷于采用一种冷峻的建筑语言沉迷于功能主义和抽象特点时，弗兰克·劳埃德·赖特（*Frank Lloyd Wright*）正坐在熊奔溪的瀑布旁，构思着如何利用悬臂梁技术将十字挑台安置在自然的怀抱里。赖特为它取名“流水别墅”（*Fallingwater*），无论从字面上还是形象上都基于了建筑与自然和谐共生的形式美学（图1-19）。

图1-19 流水别墅

1939年建于宾夕法尼亚州费耶特县米尔润市。建筑使用了新型材料，造型、色彩和尺度均来自其建造所在林地的自然特征。

赖特遵从了长期自然观察中得来的形式逻辑，将流水别墅书写成极富韵律的抒情诗。看似单调的混凝土通过戏剧性的悬挑叠加于自然界面之上构成“第二自然”，这正是赖特有机建筑哲学（*Organic Architecture*）的题中之意。玻璃和钢结构的运用也更加实用，单薄的玻璃墙依托着垂直方向的支撑点出挑深远，消隐了建筑材料的物质特性，却突显了人文主义效果。这些创新手法颠覆了以装饰为基础的审美标准，有力地证明了依靠体量平衡本身就足以获得形式美感。

作为一位多产的建筑师，赖特在他七十年职业生涯中共设计了1000多个方案，其中532个已经实现。每座建筑都被赋予了让人过目难忘的外在形象，内部却充满理性而不失温情。古根海姆博物馆是赖特最后的经典之作，设计重新思考了人们体验艺术品的方式，连续上升的螺旋形坡道串联起各层展厅，圆形的玻璃穹顶引导参观者不断前行一探究竟（图1-20至图1-24）。

图1–24 古根海姆美术馆

古根海姆博物馆体现了赖特所擅长的赋予建筑物形态以象征意义的表现手法，螺旋设计让人联想起鹦鹉螺的外壳，暗示了人类精神世界的无限性。它结合了纪念性的外观形象和清晰明确的内部平面布局，让参观者和展品在里面都能得其所哉。

图 1-20	图 1-21	图 1-22
图 1-23		

图1-20 位于曼哈顿上东城，建于1937年
图1-21 顶部巨大的天窗使室内充满了光线
图1-22 独特的坡道走廊沿着外缘向上延伸
图1-23 上层空间自然地流向下一层空间

hand... tourism doesn't help—it
s, you are mostly exposed to one species, hu

图 1-26	图 1-27
图 1-28	

图1-26 透过玻璃幕墙可以看清内部结构

图1-27 采用玻璃格栅的幕墙结构开始广为流行

图1-28 考斯设计的“*WHAT PARTY*”青铜雕塑

图1-25 西格拉姆大厦

大厦位于公园大道375号，建于1958年。建筑采用的高强度螺栓连接、支撑框架与弯矩框架结合、垂直桁架支撑系统以及建筑复合材料均为首创。

颇不同于赖特在美国实验的那些富有人情味的有机建筑形式，国际主义风格派深信建筑无须模拟自然，现代主义的核心问题也不是审美，而是如何利用新材料创造出一个理性的逻辑秩序。他们倡导现代建筑应该突出功能性与材料表现，主张形式精简，避免运用装饰。1923年，勒·柯布西耶（*Le Corbusier*）发表《走向新建筑》，他直言不讳地表示"住宅是居住的机器"，并用法语"*Béton Brut*（粗糙的混凝土）"形容自己的设计风格。这种暴露结构框架、几乎没有装饰性的混凝土建筑最终发展为20世纪50年代的粗野主义（*Brutalism*）风格。

欧洲的现代主义思潮日益灼热，逐渐影响了美国的建筑设计。然而直到1930年代初，纽约依然没有几处真正意义上的现代建筑。1933年，希特勒（*Adolf Hitler*）上台成为德国元首，一批杰出的包豪斯（*Bauhaus*）教员不堪战争和纳粹的迫害前往美国。1937年，格罗皮乌斯接受了哈佛大学聘请，出任设计研究生院院长。随后，密斯·凡·德·罗（*Ludwig Mies van der Rohe*）也移民美国，接管了伊利诺伊工学院建筑学院。

欧洲先驱们的到来为现代主义在美国盛行首开风气。密斯·凡·德·罗坚持"少即是多"，一如西格拉姆大厦所展示出来的"精神结构（*Structure is Spiritual*）"。建筑仅占场地的一半，平面呈矩形，结构柱相距28英尺，形成了一个宽五开间、深三开间的区域。周围是一个广场，用于与环境保持一定距离，营造出功能主义美学氛围。它是最早使用落地窗的高层建筑之一，其有色玻璃和青铜格栅的幕墙形式几乎在一夜之间成为现代主义者的设计准则（图1-25至图1-28）。

图1-29 联合国秘书处大楼

建筑高154米，位于曼哈顿第一大道东42街和东48街之间，建于1953年。秘书处大楼与主会场的建筑形式都是现代主义的，但风格截然不同。一栋以全玻璃幕墙为主导展示通透性，另一栋则体现出混凝土材质的永久性。

随着欧洲政局的持续动荡，埃里克·门德尔松（*Eric Mendelsohn*）、维克多·格鲁恩（*Victor Gruen*）等更多的现代主义先驱者相继加入了美国职业建筑师的行列。纽约不断崛起的现代建筑也引起了勒·柯布西耶的注意。第二次世界大战结束后，洛克菲勒家族捐出17英亩土地，准备筹建联合国总部。柯布西耶凭借其名望和资历，与华莱士·哈里森（*Wallace K. Harrison*）联手设计了联合国秘书处大楼（图1-29）。该方案采用了类似瑞士学生公寓的混凝土板结构，整体式的玻璃幕墙线条冷峻，端墙覆盖着白色佛蒙特大理石。主会场由奥斯卡·尼迈耶（*Oscar Niemeyer*）设计，采用了标志性的曲线混凝土造型。

1950年代落成的联合国秘书处大楼与西格拉姆大厦、利华大厦一起成为纽约建筑风格的转折点。它们摆脱了古典形式，象征着新时代，面向新生活。纽约现代主义建筑也以其简约美感在世界城市中脱颖而出（图1-30至图1-34）。

<table>
<tr><td>图 1-30</td><td>图 1-31</td><td rowspan="2">图 1-34</td></tr>
<tr><td>图 1-32</td><td>图 1-33</td></tr>
</table>

图1-30 现代艺术博物馆，建于1939年
图1-31 斯塔雷特-利哈伊大厦，建于1931年
图1-32 利华大厦，建于1952年
图1-33 艺术与设计博物馆，建于1956年
图1-34 爱德华·杜雷尔·斯通公寓，建于1956年

如今看来，虽然纽约现代主义建筑是20世纪先驱们探索未来的产物，但更像是对过去建筑形式逻辑的一次蜕变。现代主义受到建筑界的推崇，但一时难以从非专业的视角来欣赏。为了让更多的民众认识到建筑对人类行为的影响力，杰伊·普利兹克（*Jay A. Pritzker*）以自己的名字设立了建筑专业奖项。从1979年至2020年的42届普利兹克奖评选活动中，共有48位建筑师获得过这座至高无上的荣誉。其中，又有23位建筑师在纽约留下过作品（表1-1）。

从菲利普·约翰逊设计的索尼大厦奇彭代尔山墙（*Chippendale Pediment*）开始，云杉街8号大楼流畅的线条肌理、摩根图书馆与博物馆新馆弥漫的透明性、库珀广场41号大楼前卫的双层钢网玻璃幕墙，到雅克·赫尔佐格（*Jacques Herzog*）用矩形盒子戏剧性地堆叠成的"积木塔"，纽约现代主义建筑思潮轮廓就这样被清晰地勾勒了出来。大师们融合了所处时代最前沿的科技，形式风格无疑是面向未来的，同时又具有怀旧气息（图1-35至图1-43）。

图 1-35	图 1-36	图 1-37
图 1-38		

图1-35 索尼大厦，建于1984年
图1-36 银塔大厦，建于1966年
图1-37 云杉街8号大楼，建于2011年
图1-38 摩根图书馆与博物馆新馆，建于2006年

普利兹克奖获奖者在纽约的建筑作品 表1-1

获奖年份	获奖者	建筑作品	获奖年份	获奖者	建筑作品
1979	菲利普·约翰逊	索尼大厦	1999	诺曼·福斯特	赫斯特大厦
1982	凯文·洛奇	福特基金会大楼	2000	雷姆·库哈斯	东22街121号公寓
1983	贝聿铭	银塔大厦	2001	雅克·赫尔佐格	伦纳德街56号大楼
1984	理查德·迈耶	第一大道685号住宅大楼		皮埃尔·德·梅隆	
1988	戈登·邦夏	利华大厦	2004	扎哈·哈迪德	西28街520号公寓
	奥斯卡·尼迈耶	联合国总部主会场	2005	汤姆·梅恩	库珀广场41号大楼
1989	弗兰克·盖里	云杉街8号大楼	2007	理查德·罗杰斯	帕克罗33号公寓
1992	阿尔瓦罗·西扎	西56街611号住宅	2008	让·努维尔	11街100号公寓
1993	槙文彦	世界贸易中心4号楼	2010	妹岛和世	新美术馆
1994	波特赞姆巴克	路易威登大厦		西泽立卫	
1995	安藤忠雄	伊丽莎白街152号住宅	2014	坂茂	金属百叶窗住宅楼
1996	伦佐·皮亚诺	摩根图书馆与博物馆新馆			

图 1-39	图 1-40	图 1-43
图 1-41	图 1-42	

图1-39 赫斯特大厦，建于2006年
图1-40 东22街121号公寓，建于2019年
图1-41 西28街520号公寓，建于2018年
图1-42 库珀广场41号大楼，建于2009年
图1-43 伦纳德街56号大楼，建于2017年

<table>
<tr><td colspan="2" rowspan="2">图 1-44</td><td>图 1-45</td></tr>
<tr><td>图 1-46</td></tr>
<tr><td>图 1-47</td><td>图 1-48</td><td>图 1-49</td></tr>
</table>

图1-44 新当代艺术博物馆，建于2007年
图1-45 摩根・士丹利大厦，建于1990年
图1-46 花旗集团中心，建于1977年
图1-47 奥地利文化论坛大楼，建于2002年
图1-48 世贸中心1号楼，建于2014年
图1-49 曼哈顿广场1号楼，建于2019年

这种双向风格透射出建筑师对现代主义过度强调理性的自我调整。1960年代，罗伯特·文丘里（*Robert Venturi*）提出“后现代主义”（*Postmodernism*）建筑理论，它又分为高技术建筑、解构主义等多种新趋势。此后出现的摩根·士丹利大厦等建筑明显加强了艺术的表现力，并可以直观地感受到审美标准的多元化（图1-44至图1-49）。当人们看到妹岛和世（*Kazuyo Sejima*）将新当代艺术博物馆设计为一堆随意叠放的箱子时，已经发现建筑师不再满足于功能性表现，转为以精简的造型衍生出妙趣横生的外在肌理。

世纪之交的纽约建筑思潮则更加倾向于延展更长历史维度下形式的连贯性。华莱士·哈里森设计的大都会歌剧院沿袭了现代主义的简洁明快，但立面上比例精美的拱门又与19世纪新古典主义建筑风格相呼应。除此之外，纽约时报大楼的旋涡纹字母、麦迪逊广场花园弯曲的门面以及威斯汀酒店装饰性的回归也都在一定程度上体现出新旧形式之间的融合（图1-50至图1-53）。

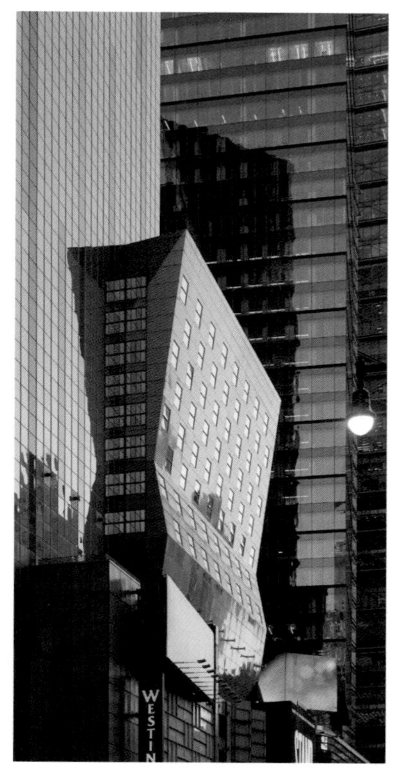

图 1-50		图 1-53
图 1-51	图 1-52	

图1-50 大都会歌剧院，建于1966年
图1-51 纽约时报大厦，建于2007年
图1-52 麦迪逊广场花园，建于1968年
图1-53 威斯汀酒店，建于2002年

当前纽约早已进入计算机辅助下的形式逻辑时代，建筑呈现出越来越多维度的复合形态。纽约的最新建筑，包括圣地亚哥·卡拉特拉瓦（*Santiago Calatrava*）构思的奥克莱斯车站、甘建筑工作室（*Studio Gang*）主创的第十大道40号大楼、史蒂文·霍尔（*Steven Holl*）设想的猎人角图书馆以及弗兰克·盖里（*Frank Gehry*）的新作——IAC总部大厦等，都将经典形式美学与先进的计算机技术相结合，演化出前所未有的风格特征（图1-54至图1-60）。

计算机衍生出来的各种复杂形态实现之后，人们又将其与现代主义相分离，称之为下一个建筑运动。但这被证明只是与“后现代主义”思潮类似的一时之流行，缺少实质性的技术进步，并没有从根本上改变纽约建筑形式风格的主体特征。不过，伊丽莎白·迪勒（*Elizabeth Diller*）、玛利恩·魏斯（*Marion Weiss*）、比亚克·英格斯（*Bjarke Ingels*）等年轻一代建筑师羽翼渐丰，他们正在努力开拓表达纽约城市形式逻辑的新思路。

图1-60 IAC总部大厦

大厦位于西18街555号，由弗兰克·盖里设计，建成于2007年。建筑表现出一贯的实验性风格，体量自由扭曲，玻璃幕墙从透明渐变为白色，展现了办公空间的活力性。

图 1-54	图 1-55	图 1-56
图 1-57	图 1-58	图 1-59

图1-54 奥克莱斯车站，建于2016年
图1-55 第十大道40号大楼，建于2019年
图1-56 猎人角图书馆，建于2019年
图1-57 罗伊与戴安娜·瓦格洛斯教育中心，建于2016年
图1-58 爱丽丝·塔利音乐厅，建于2009年
图1-59 塔塔创新中心，建于2017年

kalikow
100

1.3 隐形的垄断

图1-61 从帝国大厦远眺

帝国大厦不仅比同时代建筑高出25%至50%，其建筑面积也翻了一番达到20.8万平方米，是克莱斯勒大厦的两倍多。1960年代世界贸易中心双子塔能成为世界上最高的建筑，建筑面积也是决定性因素。

将建筑越建越高似乎是人类的天性，因此建筑高度的历史通常被描述为关于世界之最的竞争。吉萨金字塔是人类古代历史上所能建造的最高建筑，这一记录保持了3880年。直到1884年，华盛顿纪念碑以169米的高度将它超越。在5年后的巴黎世界博览会上，工程师古斯塔夫·埃菲尔（*Gustave Eiffel*）建造了当时颇具争议的钢架镂空铁塔，它300米的高度几乎是历史上最高建筑物的两倍。由此而来，300米的高度就成为划分通用建筑与摩天大楼的界线。

1846年建成的三一教堂以85米的高度开始了纽约迈向天空的历史，但人们通常并不以"摩天大楼（*Skyscraper*）"称谓宗教建筑。纽约第一座摩天大楼是1853年建造的拉丁天文台，它是建筑师威廉·纳格（*William Naugle*）为世界博览会设计的临时性木塔，总高度达到了96米。此后的世界大楼、曼哈顿人寿保险大楼、公园街大楼高度也都在100米左右。1908年前后，胜家大楼和大都会人寿保险大楼又开始向200米的高度发起冲击。当曼哈顿信托银行大楼建成开放时，纽约建筑的高度纪录已经提升至283米。

纽约高楼真正意义上跨越300米的高度是在1930年代。在前所未有的高层办公建筑热潮结束之际，纽约建成了第一代摩天大楼。当时克莱斯勒大厦塔尖达到319米，而1930年帝国大厦又延伸至381米，这为天际线至少增加了40至50层以上的高度（图1-61）。此后，纽约在20世纪大部分时间内都是世界最高建筑的所在地，曼哈顿的天际线是当时任何其他地方无法比拟的。如今300米高楼已经相当普遍了，全世界共有200多座这种高度的建筑物。但具有多个超高层建筑的城市仍较为罕见，因为它们必须满足建筑密度（用于衡量建筑物所覆盖的区域）和人口密度（用于计算给定区域中的平均人数）两个重要条件。

纽约在"9·11事件"之后超高层建筑的新增速度有所减缓，但仍以7座的数量成为拥有摩天大楼最多的城市[1]。这7座大楼多数建于近10年之内，从类型上看，又可分为办公和住宅两种。其中，世界贸易中心1号大楼、哈德逊广场30号楼，范德比尔特1号楼象征着曼哈顿超高层办公楼的复兴，而公园大道432号楼，以及仍在建设中的西57街111号楼和中央公园塔楼则预示了"纤细（*Slenderness*）"将成为未来超高层住宅的主流形式（图1-62）。

[1] 2020年，世界上拥有超高层建筑数量最多的城市中，迪拜和深圳均有5座位居第二；广州有3座，上海和武汉各有2座；如果将双子星塔算作一个项目的话，马来西亚首都吉隆坡也有3座。

图1-62 纽约超高层建筑

从左到右依次为：帝国大厦、世界贸易中心1号楼、哈德逊广场30号楼、范德比尔特1号楼、公园大道432号楼、西57街111号楼、中央公园塔楼。

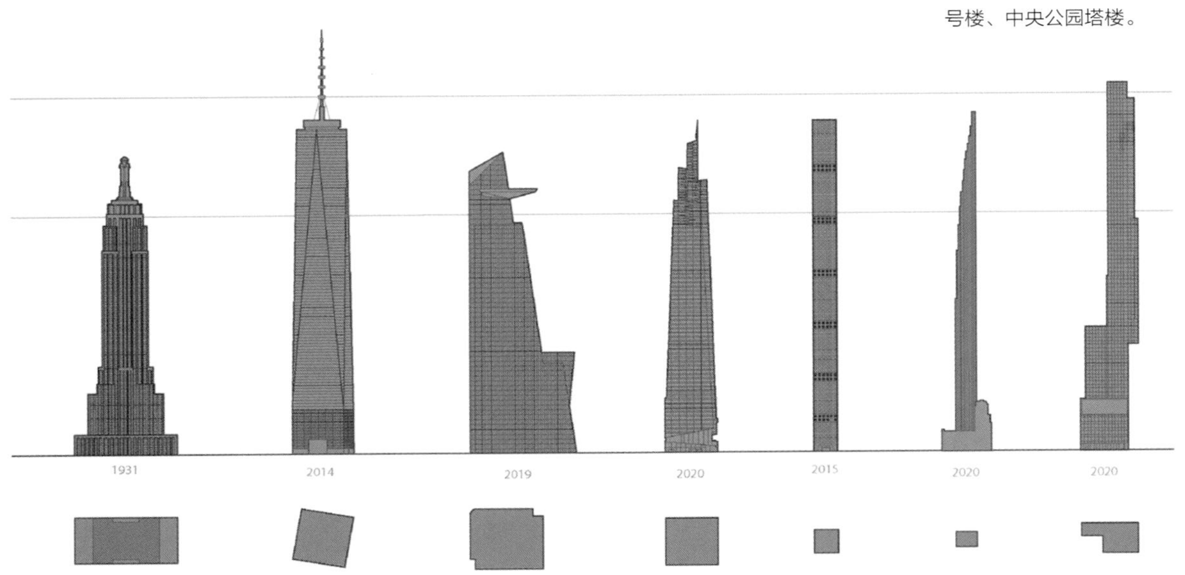

从哥特复兴风格的三一教堂、布杂艺术特色的世界大楼、装饰艺术潮流的克莱斯勒大厦，到鲜明现代主义特征的原世贸中心大楼，纽约建筑不断纤细化的形式流变是美学风格探索求新的印记。而建筑的纤细程度又是由高度与底部宽度之比决定的，涉及建筑的稳定性、抗倾覆能力、承载能力和经济合理性，高宽比越大对结构和材料的要求就越高[1]。由此而言，纽约建筑的纤细化又是一部结构技术的演进史（图1-63、图1-64）。

19世纪末的纽约已经成为全球土地价值最高的地区之一，想要在狭窄的地块上立足必须要控制住建筑的体量。由于700年前的中世纪教堂已经证明了砖石结构的局限性，因此要实现这一目标就必须依靠结构技术的进步。1889年，建筑师布拉德福德·李·吉尔伯特（*Bradford Lee Gilbert*）设计了百老汇大街50号，它是纽约第一座使用金属框架结构（*Metal-Cage Construction*）的高层建筑。11层的高度并不算起眼，但仅有21.5英尺的临街面使其显得极为纤细。1892年，纽约市正式将该结构纳入建筑规范，纽约开始成为高塔之城。

纽约建筑纤细化的第二阶段出现在1920年代，受到1916年区划条例设定的体量公式（*Massing Formula*）影响，具有庞大金字塔形基座和不超过地块面积25%的建筑成为纽约摩天大楼的新特征。观察这一时期的建筑轮廓与平面图的关系不难发现，所有这些比例尺都是相同的，建筑在街道一级具有较大的占地面积，而宽敞的上层则围绕着由钢筋混凝土墙所构成的承重结构。

[1] 一般而言，高宽比为10：1即可定义为纤细型建筑。1973年建成的原世贸中心南北双塔高宽比小于7：1，短短50年之后，西57街111号楼高宽比达到了惊人的23：1。

图1-63 纽约天际线

纽约早期高层建筑群出现在市政厅周围，但直到1930年代才真正迎来了摩天大楼时代。经济飞速发展让纽约成为世界上首批城市人口占多数的地区之一。在2014年世贸中心1号楼落成后，纽约市重新跻身最高建筑前10名。在目前86座在建高楼中，有10个项目将超过克莱斯勒大厦的高度。

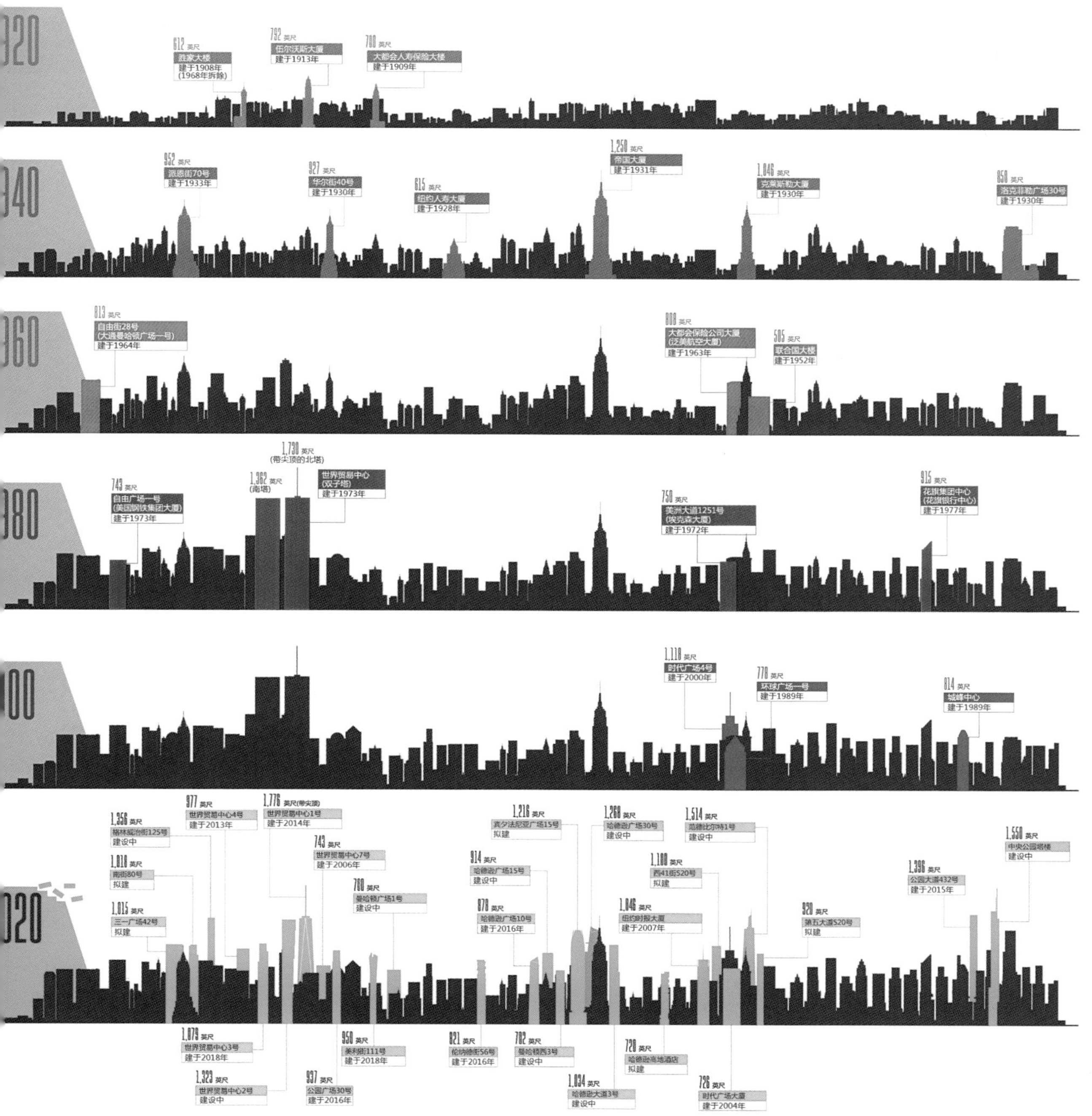
920
612 英尺
胜家大楼
建于1908年
(1968年拆除)
792 英尺
伍尔沃斯大厦
建于1913年
700 英尺
大都会人寿保险大楼
建于1909年
940
952 英尺
派恩街70号
建于1933年
927 英尺
华尔街40号
建于1930年
615 英尺
纽约人寿大厦
建于1928年
1,250 英尺
帝国大厦
建于1931年
1,046 英尺
克莱斯勒大厦
建于1930年
850 英尺
洛克菲勒广场30号
建于1930年
960
813 英尺
自由街28号
(大通曼哈顿广场一号)
建于1964年
808 英尺
大都会保险公司大厦
(泛美航空大厦)
建于1963年
505 英尺
联合国大楼
建于1952年
980
743 英尺
自由广场一号
(美国钢铁集团大厦)
建于1973年
1,368 英尺
(南塔)
1,730 英尺
(带尖顶的北塔)
世界贸易中心
(双子塔)
建于1973年
750 英尺
美洲大道1251号
(埃克森大厦)
建于1972年
915 英尺
花旗集团中心
(花旗银行中心)
建于1977年
00
1,118 英尺
时代广场4号
建于2000年
770 英尺
环球广场一号
建于1989年
814 英尺
城峰中心
建于1989年
020
1,356 英尺
格林威治街125号
建设中
1,018 英尺
南街80号
拟建
1,015 英尺
三一广场42号
拟建
977 英尺
世界贸易中心4号
建于2013年
1,776 英尺(带尖顶)
世界贸易中心1号
建于2014年
743 英尺
世界贸易中心7号
建于2006年
700 英尺
曼哈顿广场1号
建设中
914 英尺
哈德逊广场15号
建设中
878 英尺
哈德逊广场10号
建于2016年
1,216 英尺
宾夕法尼亚广场15号
拟建
1,268 英尺
哈德逊广场30号
建设中
1,100 英尺
西41街520号
拟建
1,046 英尺
纽约时报大厦
建于2007年
1,514 英尺
范德比尔特1号
建设中
920 英尺
第五大道520号
拟建
1,396 英尺
公园大道432号
建于2015年
1,550 英尺
中央公园塔楼
建设中
1,079 英尺
世界贸易中心3号
建于2018年
1,323 英尺
世界贸易中心2号
建设中
937 英尺
公园广场30号
建于2016年
950 英尺
美利街111号
建于2018年
821 英尺
伦纳德街56号
建于2016年
702 英尺
曼哈顿西3号
建设中
1,034 英尺
哈德逊大道3号
建设中
720 英尺
哈德逊高地酒店
拟建
726 英尺
时代广场大厦
建于2004年

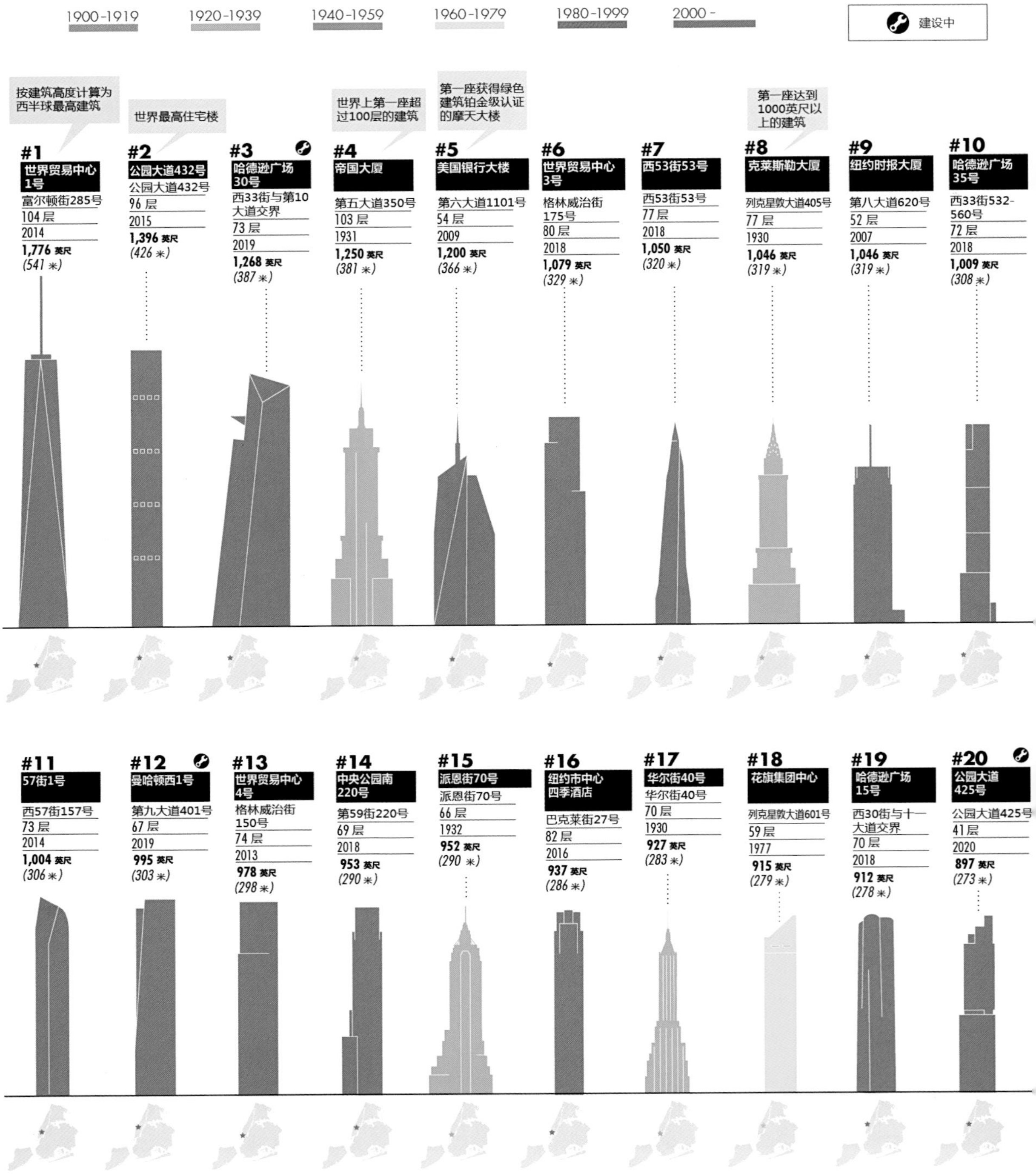

1900-1919
1920-1939
1940-1959
1960-1979
1980-1999
2000 -
建设中
按建筑高度计算为西半球最高建筑
世界最高住宅楼
世界上第一座超过100层的建筑
第一座获得绿色建筑铂金级认证的摩天大楼
第一座达到1000英尺以上的建筑
#1 世界贸易中心1号 富尔顿街285号 104层 2014 1,776 英尺 (541 米)
#2 公园大道432号 公园大道432号 96层 2015 1,396 英尺 (426 米)
#3 哈德逊广场30号 西33街与第10大道交界 73层 2019 1,268 英尺 (387 米)
#4 帝国大厦 第五大道350号 103层 1931 1,250 英尺 (381 米)
#5 美国银行大楼 第六大道1101号 54层 2009 1,200 英尺 (366 米)
#6 世界贸易中心3号 格林威治街175号 80层 2018 1,079 英尺 (329 米)
#7 西53街53号 西53街53号 77层 2018 1,050 英尺 (320 米)
#8 克莱斯勒大厦 列克星敦大道405号 77层 1930 1,046 英尺 (319 米)
#9 纽约时报大厦 第八大道620号 52层 2007 1,046 英尺 (319 米)
#10 哈德逊广场35号 西33街532-560号 72层 2018 1,009 英尺 (308 米)
#11 57街1号 西57街157号 73层 2014 1,004 英尺 (306 米)
#12 曼哈顿西1号 第九大道401号 67层 2019 995 英尺 (303 米)
#13 世界贸易中心4号 格林威治街150号 74层 2013 978 英尺 (298 米)
#14 中央公园南220号 第59街220号 69层 2018 953 英尺 (290 米)
#15 派恩街70号 派恩街70号 66层 1932 952 英尺 (290 米)
#16 纽约市中心四季酒店 巴克莱街27号 82层 2016 937 英尺 (286 米)
#17 华尔街40号 华尔街40号 70层 1930 927 英尺 (283 米)
#18 花旗集团中心 列克星敦大道601号 59层 1977 915 英尺 (279 米)
#19 哈德逊广场15号 西30街与十一大道交界 70层 2018 912 英尺 (278 米)
#20 公园大道425号 公园大道425号 41层 2020 897 英尺 (273 米)

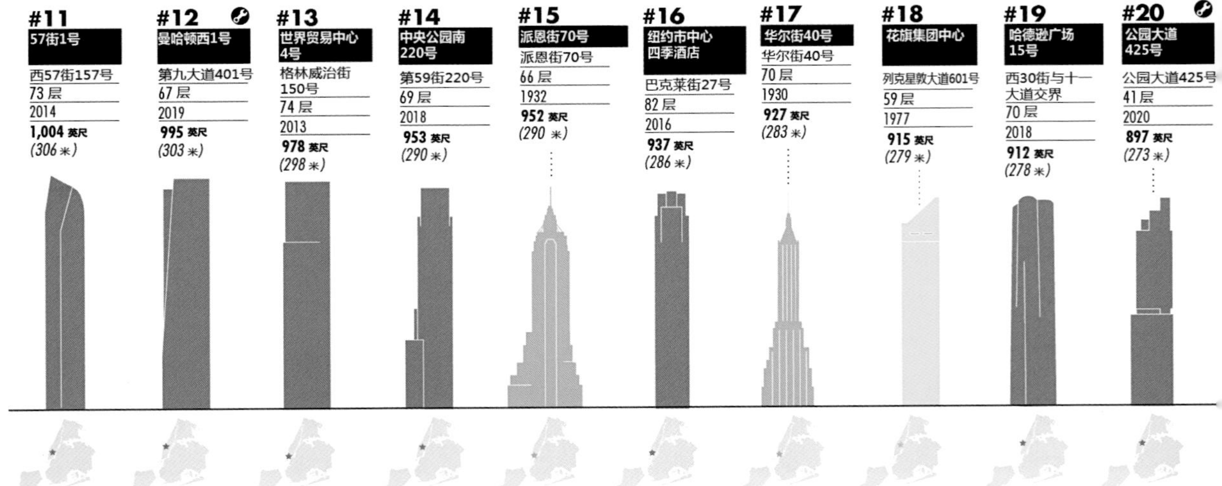

图1-64 纽约最高建筑

纽约市共有6000多座高层建筑，其中274座是高度超过150米的摩天大楼。这使纽约成为全球第二大高楼集中地。这些建筑中有15座都是近年修建的，说明了纽约的天际线在过去十年中变化迅速。

图1-65 缩进原则

缩进原则指建筑局部体量消减以低于基准高度。在高度因素分区（*Height Factor Zoning*）中建筑缩进位置由露天斜面控制，在情境分区（*Contextual Zoning*）中，则由距街道墙壁的指定距离控制。

图1-66 建筑容积率

分区区域内的每种用途都有一个建筑容积率（*FAR*），将其乘以分区的面积即可得出允许的最大占地面积。

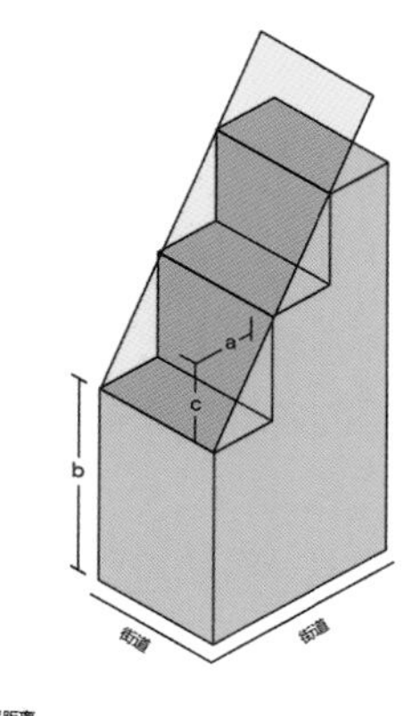

纽约开发商在20世纪后期建造了许多新的高层建筑，但却没有多少摩天大楼，这主要是因为1961年的区划条例进行了实质性修订，对土地性质、建筑物的高度和体量以及街道景观进行了规定。为了在日益拥挤的城市中最大限度地获得采光和通风，新区划条例重新分配了各类建筑所需的占地面积，根据区域分区和用途的不同调整高度和缩进原则（*Setback Rules*），以限定所有分区允许的最大体积（图1-65）。建筑缩进之后会形成一个露天斜面（*Sky Exposure Plane*），大多数地块中建筑的总高度、高宽比和缩进距离会因为露天斜面的限定规则而有所不同。露天斜面规则是假想一个虚拟的倾斜平面，起始于街道线上方一定高度，建筑物必须位于该高度之后。由于露天斜面的坡度从街道向内升高，因此建筑物距街道越远则建筑物越高。假如区域密度增加，露天斜面必须从街道上方的较高点开始，从而使宽阔街道上的斜面坡度看起来比狭窄街道的更陡。这一规则虽然没有规定建筑样式或形式风格，但客观上在建筑物之间建立起了和谐的视觉联系。新区划条例执行后，设计师不得不优先考虑建筑形式的一致性，从而限制整体高度。而在低密度区域中低矮的建筑也经常为了保持情境一致模仿缩进造型或采用斜坡屋顶，纽约市经典的多层婚礼蛋糕式建筑（*Wedding Cake Building*）正是来源于此。

1961年区划条例中的另一个变化是引入了建筑容积率（*Floor Area Ratio*，*FAR*），即项目用地范围内总建筑面积与项目总用地面积的比值。每块分区内都有一个容积率，不同用途的建筑将其乘以分区的面积即可计算出允许的最大建筑面积（图1-66）。通过控制容积率能够确保新建筑既有助于城市邻里结构，保持建筑造型的灵活性，又能改善公共空间的步行体验。新修订的区划条例对建筑物的体量进行了限制，对给定地块明确了所能允许的最大总建筑面积。但是，通过允许购买和转让上空权（*Air Rights*）[1]也为建筑的增高创造了机会，加速了建筑的纤细化。

[1] *Air Rights*的正式名称为“*Transferable Development Rights*”，即“可以被转移的土地开发权”。在这种机制下，地块A的开发商可以向地块B的所有者购买其闲置的土地开发权，从而建设体量超出原有规划的建筑。

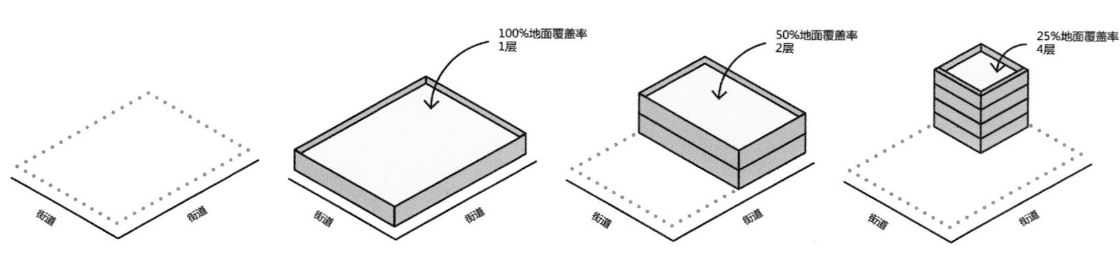

建筑容积率(FAR)

在接下来的几十年中，开发商不断从相邻地块中购买额外的上空权以获得更高的层数，将购置的大部分有价值的容积率压缩到很小的空间内，使公寓的每一层都能获得一览无余的城市景色。如今日渐增长的“铅笔楼”现象标志着曼哈顿已经进入了建筑纤细化形态演变的第四个阶段（图1-67至图1-70）。就技术层面而言，纤细的结构需要采取特殊措施来抵消垂直悬臂上过大的风力，包括用于使建筑物变牢固的附加结构以及用于抵消摇摆的各种类型的阻尼器，因此恣意拔高的尺度无疑是在挑战工程和制造的极限。

尽管如此，结构技术的进步以及强势地产资本的推动仍然使得超薄摩天住宅的建造规模超过了想象。极高的投资回报率是这些疯狂造型背后的“奢华逻辑（*The Logic of Luxury*）”。从2012年开始，超薄摩天住宅的售价为每平方英尺8000美元，由赫尔佐格与德梅隆（*Herzog& de Meuron Architekten*）设计的伦纳德街56号大楼其中一套公寓的价格甚至可以达到4700万美元（图1-71）。

图1–71 伦纳德街56号

位于19世纪后期商业结构改建的居民区域翠贝卡（*Tribeca*）边缘。大楼坐落在地标性建筑区外，并使用从相邻的纽约法学院购得的上空权，于2014年完工后将高度延伸至243米（60层）。建筑造型采用不同的体块交错，使轮廓像是堆叠的平衡木块，因而又被称为“积木塔（*Jenga Tower*）”。

图 1-67	图 1-68	图 1-69
图 1-70		

图1-67 西57街111号楼，建于2021年
图1-68 美利街111号公寓，建于2018年
图1-69 57街1号公寓，建于2014年
图1-70 公园大道432号楼，建于2015年

2.2“容器”之争

长期以来，容器不仅指盛物的器具，更被认为是复杂观念的载体。容器作为人类文明的缩影，反映出不同历史条件下人们的文化、哲学、美学和环境等观念。在设计学领域，世界各个民族在不同的历史时期都有关于理想环境的描述。比如中国《穆天子传》中记载的“瑶池”，以及古印度《阿弥陀经》中的“极乐国土”、《圣经》中的“伊甸园”和《古兰经》中的“天园”等等。某种程度而言，这些都是人类早期环境观念的容器。

农业文明时期人们对于环境的欣赏以追求视觉之美为主，因而不同程度地体现出绘画原则。如中国古典园林追求“以画入园、因画成景”，体现在自南宋以后画家参与造园设计者渐多；英国风景园中的“*Landscape*”一词也起源于16世纪描绘大地风景的荷兰绘画，用于形容对自然的观赏方式；而日本坐观式庭园为了追求极致的冥想和沉思环境，更是只留有一个观赏面，且不得进入。

对于环境景物的观赏既要静观，有时也需在移步异景、步移景随中体会山水林泉之乐。世界各地的景观环境布局方式因地形、规模、功能的不同而有所差异，但总体而言都是沿着水平方向移动。虽然巴比伦空中花园（*The Hanging Gardens of Babylon*）闻名天下，然而在相当长一段时期内，人们对于理想环境的游赏都是基于平面维度的。随着工业革命的发展和建造技术的进步，城市又逐渐成为物化环境观念的容器。设计者经常采用阶梯以抬高观赏角度，可“眺望”也被认为是良好的环境特质之一[1]。从此，人们开始从更为立体的视角探索环境审美，这种探索一直延续至今。

纽约哈德逊广场（*Hudson Yards*）东接第十大道，西临哈德逊河，南北止于30至34街，总面积约11万平方米（图2-1）。该项目始建于2001年，由瑞联集团（*Related Companies*）和牛津地产集团（*Oxford Properties*）联合开发，总投资超过200亿美元。作为美国历史上最大的私有地产开发项目，哈德逊广场吸引了KPF、SOM等著名建筑事务所参与设计，涵盖办公、住宅、购物、餐饮和展示等多种功能类型（表2-1）。广场周围汇集了地铁7号线、高线公园（*The High Line*）、贝拉·阿布祖格公园（*Bella Abzug Park*）等市政设施和城市公园，共同为曼哈顿西区带来全新活力。

[1] 宋朝诗人李格非在《洛阳名园记》中描述：“洛人云，园圃之胜，不能相兼者六：务宏大者少幽邃；人力胜者少苍古；多水泉者难眺望。兼此六者，唯湖园而已。”相应地，宏大、幽邃、人力、苍古、水泉、眺望被后人认为是好园林的六种特质。

图2-1 纽约哈德逊广场

哈德逊广场是2001年纽约市政府西区重建计划的重要环节，也是继洛克菲勒中心之后最具代表性的城市综合体。

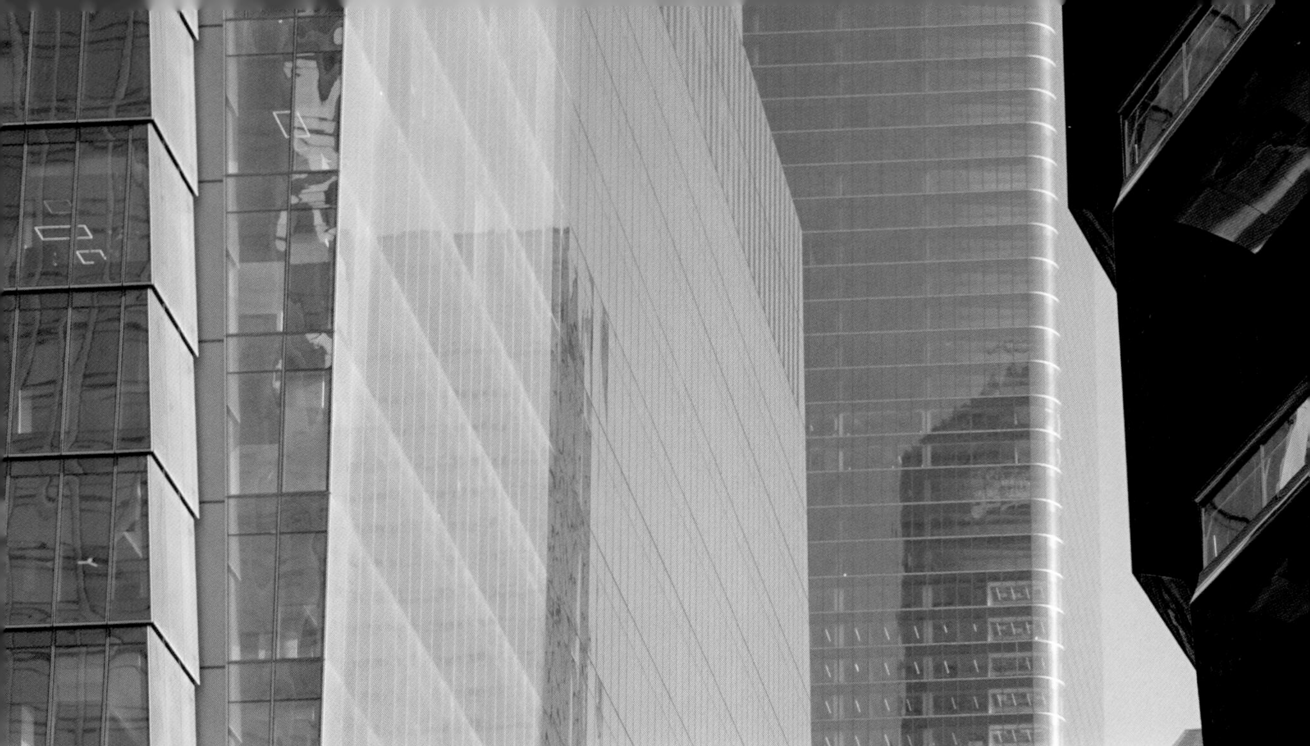

分区	名称	类型	设计事务所
东广场	哈德逊广场10号楼	商业办公	KPF建筑设计事务所
	哈德逊广场30号楼	商业办公	
	哈德逊广场55号楼	商业办公	
	内曼·马库斯商场	购物餐饮	
	哈德逊广场15号楼	商业住宅	迪勒·斯科菲迪奥与伦弗罗设计工作室
	天棚艺术中心	文化艺术	
	哈德逊广场35号楼	商业住宅	SOM建筑设计事务所
	哈德逊广场50号楼	商业办公	福斯特建筑设计事务所
	公共广场与花园	景观	纳尔逊·伯德·沃尔兹景观设计事务所
	容器	景观建筑	赫斯维克工作室
西广场	住宅楼（6栋）	住宅	（拟建中）
	办公住宅楼（1栋）	办公住宅	
	学校（1所）	教育	

哈德逊广场改建工程 表2-1

图2-2 容器

赫斯维克将创新思维应用于“容器”的设计之中，改变了传统城市地标只能观赏无法接触的固有观念。这一设计使容器可以作为观光旅游、社交聚会、运动设施或瞭望塔来使用，从而拓展了自身的物理词意，变成多元化都市生活的“容器”。

位于哈德逊广场中央，一座46米高的当代“空中花园”崛地而起（图2-2）。这座耗资2亿美元的构筑物是由英国赫斯维克工作室（*Heatherwick Studio*）[1]设计的纽约新地标——容器（*Vessel*）[2]。容器面积为2210平方米，底部宽度为15米，一次可容纳1000人参观。它由154个相互连接的楼梯和2465个台阶组成，阶梯的总长度超过1.6公里。共设有80个观景平台，总高度相当于16层，可一览哈德逊河全景。此外，为符合《美国残疾人法》（*Americans with Disabilities Act of 1990*）的规定，还设有坡道和电梯。

容器是哈德逊广场改建项目一期工程的最后部分，于2017年4月开始建设施工，2019年3月15日正式对外开放。整体采用互锁式梯网自支撑结构，直接裸露结构的表现形式让其显得更加轻盈、透明。外观涂层采用物理气相沉积（*Physical Vapour Deposition*）工艺制造，组件和材料均由意大利制造商弗留连·西莫莱（*Friulian Cimolai*）生产，分六次运往哈德逊河码头现场组装。置身其中，曲折环绕的台阶和铜色抛光钢架相互交织，令人感受到秩序与错觉的相互并存。

与埃菲尔铁塔（*Eiffel Tower*）、西恩塔（*CN Tower*）、东京晴空塔（*Tokyo Skytree*）等划时代塔式建筑相类似，容器同样满足了人们从高处俯瞰城市环境的审美需求，它所具有的强烈视觉冲击力使哈德逊广场成为城市的焦点。所不同的是，容器创造的不仅是视觉对象，还是一座人人可以接触、使用且能够参与其中的三维公共空间。层层叠叠的楼梯犹如画框，将四周环境框取成一幅幅城市画卷，予人以如游画中的感受。到达顶点不是唯一的目的，人们在攀爬的过程中能够远观，也可近看，相互对景（图2-3）。

[1] 赫斯维克工作室位于伦敦，由英国著名设计师托马斯·赫斯维克于1994年创立。现有200名建筑师、设计师和制造商，设计项目横跨四大洲，项目总额超过20亿英镑。

[2] 该项目的名称是临时性的（*Temporarily Known As*），未来将通过公开竞赛确定其最终名称。

图2-3 容器

容器具有极其复杂的对称性空间美学，纽约时报称之为“不知通往何方的楼梯”。

容器的设计者托马斯·赫斯维克（*Thomas Heatherwick*）毕业于英国皇家艺术学院，他多才多艺，风格多样，尤以创造力和独创性著称。他的设计贯穿建筑、景观、空间、设施、产品等多个领域，大至30万平方米的综合社区，小至香水瓶，无一不体现出他非凡的创新能力。例如滚桥、报刊亭、奥运主火炬、复星艺术中心等作品重新定义了设施乃至建筑的开合方式，让单调沉闷的机械运动充满美感；2010年英国馆采用种子圣殿的隐喻形式，使之成为上海世博会人气最高的展馆之一；转椅则充满了儿童游戏般的乐趣。

工作室成立26年来，只有38项设计的赫斯维克并不算高产，原因之一是他不愿意重复自己的作品风格，始终致力于打破事物的固有概念。其设计的每一件作品都有着清晰的推敲过程，并以创造有趣的人类体验为目的展示现实世界的复杂性。正因如此，赫斯维克的作品往往具有多重专业维度，被《泰晤士报》誉为英国当代最具创意的“设计发明家”（图2-4）。

图2-4 赫斯维克设计作品

赫斯维克工作室的归类体系区别于设计学科的常规分类方式，且大部分设计作品之间都存在着界限的模糊性。

容器因循了赫斯维克在感知层面探索类型创新（*Types Innovation*）的设计思路，其结果是多元文化语境下作品本身主体性的模糊。在雕塑家眼里，容器虽然符合公众对于艺术品的审美意象，但却远远超出了诸如芝加哥云门、红立方等城市雕塑的一般体量；在建筑学者视野中，连续的楼梯显然具有建筑的结构特征，但就整体而言缺少必要的功能性；在景观设计师脑海中，容器又不具备“使用有生命的材料围合空间”这一基本前提。因此，赫斯维克人为构造出来的模糊性和复杂性在引发关注和吸引人气之余，也导致了评论家对其社会价值的争议。

《纽约时报》建筑评论家迈克尔·基梅尔曼（*Michael Kimmelman*）尖锐地批评哈德逊广场是曼哈顿最大、最新、最华丽的封闭社区，容器则如同一个2亿美元的废纸篓；《城市实验室》网站专栏作家弗格斯·奥沙利文（*Feargus O'Sullivan*）称其为一个改头换面的反乌托邦世界，设计者的名字已经成为当代城市设计中所有错误的代名词。《食客城市》的总监卡罗琳·奥尔伯格（*Carolyn Alburger*）戏称，虽然容器看上去像一份“大号的沙瓦玛”（*A Colossal Shawarma*），但哈德逊广场却并不提供中东美食。而更为普遍地负面评价是，容器并不是真正意义上的公共空间，毫无实用价值。

这些评论反映出自1960年代以来舆论对于忽略历史建筑语言的“国际风格”所持有的否定态度，以及批评建筑的形式风格在视觉和文脉上的不协调。由此，进一步衍生出公众关于“好设计”标准的讨论。目前学界普遍的共识是设计应该解决一些实际的问题，问题意识（*Topic Awareness*）是设计的前提，是先于形式且是构成形式逻辑的原则。那么容器解决了什么问题，究竟是不是一个好设计？

想要更充分地讨论这个问题，需要先回溯容器的形式来源以及逻辑关联。容器由154个阶梯构成，阶梯的形式美感显然是该设计中的最大亮点。自诞生以来，阶梯不仅是连接楼层的建筑术语，更多地引申为人类跨越空间、等级和现实的符号。1953年，荷兰画家莫里茨·埃舍尔（*M. C. Escher*）在《相对性》中虚构了三座不符合引力定律的阶梯。这幅超现实主义作品引起了彭罗斯父子

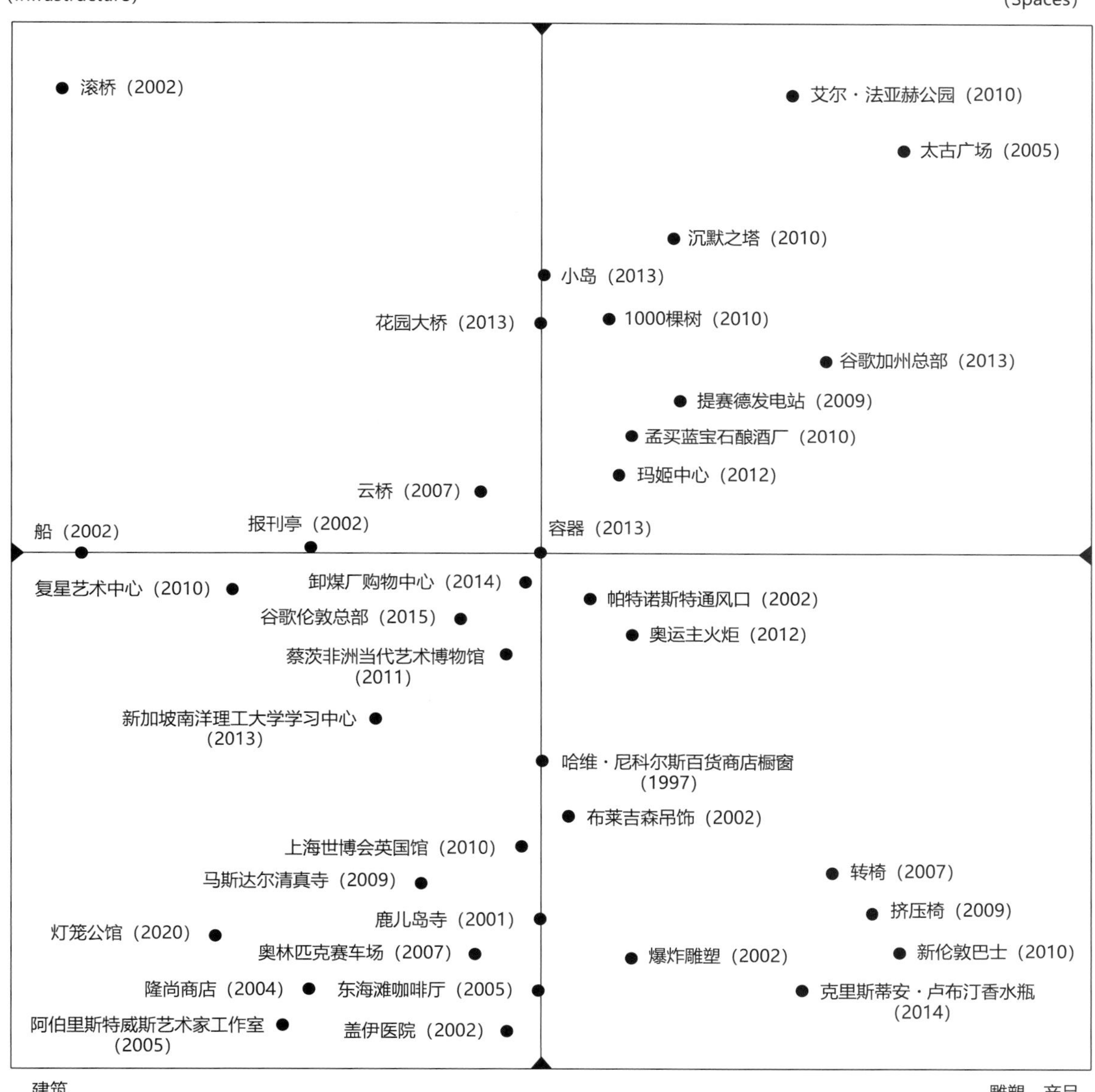

设施
(Infrastructure)
景观、空间
(Spaces)
滚桥（2002）
艾尔·法亚赫公园（2010）
太古广场（2005）
沉默之塔（2010）
小岛（2013）
花园大桥（2013）
1000棵树（2010）
谷歌加州总部（2013）
提赛德发电站（2009）
孟买蓝宝石酿酒厂（2010）
玛姬中心（2012）
云桥（2007）
报刊亭（2002）
船（2002）
容器（2013）
复星艺术中心（2010）
卸煤厂购物中心（2014）
谷歌伦敦总部（2015）
帕特诺斯特通风口（2002）
奥运主火炬（2012）
蔡茨非洲当代艺术博物馆
(2011)
新加坡南洋理工大学学习中心
(2013)
哈维·尼科尔斯百货商店橱窗
(1997)
布莱吉森吊饰（2002）
上海世博会英国馆（2010）
马斯达尔清真寺（2009）
转椅（2007）
挤压椅（2009）
鹿儿岛寺（2001）
灯笼公馆（2020）
奥林匹克赛车场（2007）
爆炸雕塑（2002）
新伦敦巴士（2010）
隆尚商店（2004）
东海滩咖啡厅（2005）
克里斯蒂安·卢布汀香水瓶
(2014)
阿伯里斯特威斯艺术家工作室
(2005)
盖伊医院（2002）
建筑
(Buildings)
雕塑、产品
(Objects)

的兴趣，随后于1958年在《英国心理学》杂志上发表了著名的数学悖论“彭罗斯阶梯”（*Penrose Stairs*）。此后，首尾连续、无限循环的阶梯成了艺术创作中的常见主题。这些创作都是通过多维度的阶梯表现几何秩序以及方向的迷失，展现出艺术家对于永恒性空间的想象力（图2-5）。

赫斯维克童年时期也曾经对一处废弃工地中的木梯留下了深刻影响，从而希望通过阶梯的环绕创造出接近幻想的真实世界。他将目光投向了印度梯井（*Indian Stepwells*）——一种通过多组台阶下降到水位线以达到取水目的的建筑形式。梯井多见于印度次大陆较干旱的西部地区，少数分布在巴基斯坦。早期梯井的建造主要是为了降低水源随着季节性变化带来的不确定性，保障农业生产灌溉。随着印度宗教的兴盛，梯井开始成为社交聚会和宗教仪式的场所（*Temple Tanks*）。其艺术风格在16世纪的穆斯林统治期间逐渐成熟，装饰和细节趋于精致，因此具有了社会、文化、宗教和美学意义。印度梯井所具有的多层轴线台阶排列形式不仅影响了宗教建筑中的许多结构，如今也成为赫斯维克设计容器的形式来源。

可想而知，假如容器所采用的梯井形式源自美国本土或许外界的质疑会少一些。如果将赫斯维克的建筑作品做一下横向比较，就不难发现地域特征一直是其重要的形式来源。从马斯达尔清真寺对穆斯林信徒跪地祷告形象的抽象凝炼，到艾尔·法亚赫公园提取自阿布扎比沙漠皲裂的地壳结构，以及卸煤厂购物中心对英国维多利亚式厂房历史特色的保留，赫斯维克作品一贯保持着地域文化与形式创新之间的因果联系。既然如此，为什么赫斯维克会选择与本土地域特征无关的梯井作为容器的形式来源呢?

首要原因是容器并没有简单地照搬形式外观，而是转译梯井现象所传达的社交功能。传统构造、宗教民俗、风景地貌乃至草木砂砾等地域性要素经常作为设计中形式逻辑的起点，但赫斯维克绝非一味地摹仿这些要素，而是有意识地加以概括、抽象和重构，从而求得一个高于逻辑起点的创新形态。

其次，赫斯维克认为以问题为导向的设计某种程度上是由使用价值来衡量的，然而在社会交往行为中场所“趣味”的吸引力往往要大于“使用”。有趣的场所是城市活力的磁石，它综合了各种空间技巧营造出来愉悦、幸福、惊奇、震撼等复杂情绪，满足了人们因喜好而获得快乐的内在需求。一个看似无用实则有趣的场所迎合了都市人生活中的无目的心态，也满足了资本吸引消费人群的目的。

可见在纽约城市更新设计中，虽然设计者、评论界和政府对公共空间形式都有着不同层次的审美需求，然而占据强势地位的仍是资本审美。容器的实质是服务于大众的商品，代表资本力量的容器未必需要理论上的合乎情理，而是追求商业价值最大化。反映在物质形态中即夸张的造型、空前的体量和功能性的衰退。因此容器折射出资本力量对于城市中心区域形式逻辑的决定性影响，是资本与各种社会利益博弈的产物。

图2-5 阶梯美学

赫斯维克通过环环相扣、逐级渐大的阶梯结构营造出一种持续性的迷失感。起起落落的阶梯，擦肩而过的人群，或静或动的状态，正如人生百态。

CORNELL
TECH
OPEN TO
PUBLIC
OPEN FROM
6:00 AM -10:00 PM
You are welcome to...
• enjoy the gardens without entering
flowerbeds or picking flowers
• walk your dog, on a leash, and to
clean up after it
• spread blankets on the lawn, but
not plastic material or tarpaulins
• deposit waste in trash or
recycling receptacles
Campus guidelines prohibit...
• smoking
• drug use
• alcohol use outside the Café Patio
• open flames, as well as all
cooking and grilling
• organized ballgames
• feeding wildlife

2.3 私有公共空间

除了"容器"一类代表资本力量的标志性建筑物塑造出城市的第一印象，建筑物之间的公共空间也深刻影响着城市的形态。广义上的公共空间涵盖了所有可以自由进入的外部空间，包括公园、广场、街道、游乐场、人行道、廊道、海滨等等。然而有一类城市公共空间形态却显得有些特殊，甚至成为纽约独有的特色景观。

康奈尔科技校区（*Cornell Tech Campus*）[1]位于纽约罗斯福岛，总占地面积5公顷，东西两侧可俯瞰曼哈顿和皇后区的天际线。2011年，时任纽约市长的迈克尔·布隆伯格（*Michael Bloomberg*）基于对城市未来经济前景的预测，斥资1亿美元投入应用科学校园建设，以培养更多的高科技领域人才。园区由SOM负责总体规划，墨菲西斯（*Morphosis Architects*）、魏斯·曼弗雷迪（*Weiss Manfredi*）以及汉德尔（*Handel Architects*）建筑设计事务所参与了其中的建筑设计，景观空间由詹姆斯·科纳场域运作事务所（*James Corner Field Operations*）设计完成。

园区一期占地1.4公顷，于2017年9月建成并对外开放。项目二期包括校园南部的其余部分，目前是2.6公顷的临时草地景观。项目之间保持了可持续开发的灵活性，全部完成要至2037年。詹姆斯·科纳在场地中充分采用了无障碍设计，低矮的设计元素和通向广场的雨水缓冲带传递出开放的公共属性，公众和游客可以从任意方向随时进入场地。建筑的边界也得以充分利用，人行道、雨水花园和环境设施的相互交织使校园成为一个独特而充满活力的开放社区。

与纽约城市中随处可见的广场、绿地和公园不同，虽然康奈尔科技校区的景观空间完全对公众开放，但按用地性质分类却并不归属于纽约公园管理局（*Department of Parks and Recreation*）。园区入口标识牌所带有的"POPS"标志表明这块用地属于私有财产，应由纽约市规划局（*Department of City Planning*）审核监管（图2-6）。为什么会出现"私有公用"这一现象，POPS与城市公园之间又存在着哪些区别？

POPS，即私有公共空间（*Privately Owned Public Spaces*），这是由《纽约市区划条例》（*The New York City Zoning Resolution*）引入的奖励性政策，指私

[1] 该校区为康奈尔大学（*Cornell University*）和以色列理工学院（*Technion-Israel Institute of Technology*）合作办学，"*Cornell Tech*"为两校名称缩写。

图2-6 "POPS"标识牌

根据2017年的第116号地方法律（*Local Law 116 of 2017*）规定，业主必须在地方法律所定义的所有私有公共场所（POPS）提供标识牌，标牌必须包括站点地图，显示POPS与分区、相邻街道或其他公共建筑的边界。2019年，纽约市启用了新的徽标（如下所示）。

OPEN TO PUBLIC

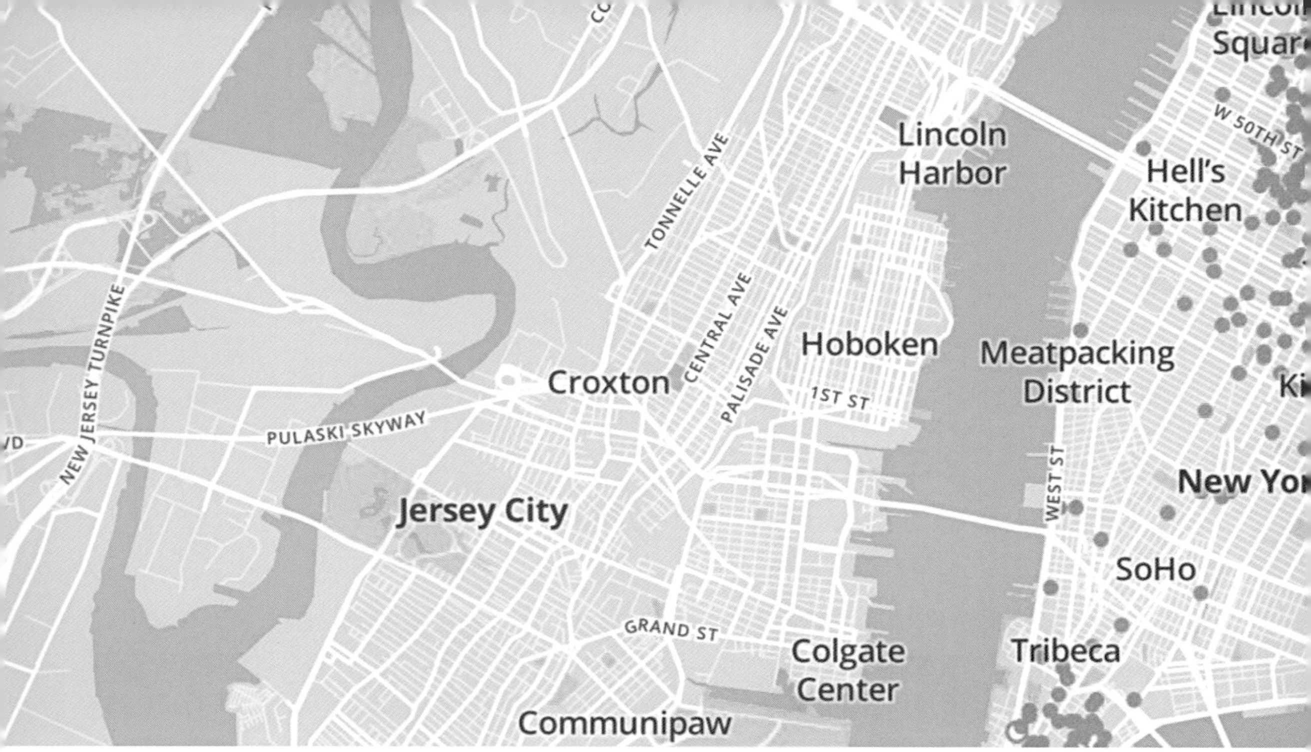

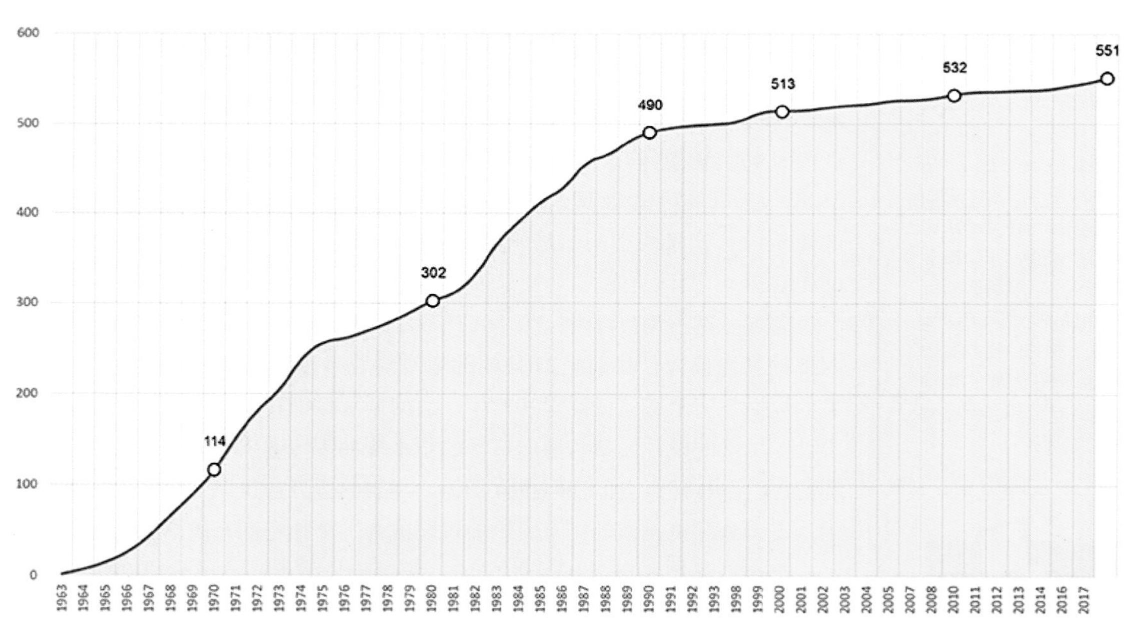

图2-8 POPS数量增长图

根据纽约规划局公布的数据：1961-1963年为启动阶段；1980-1990年为增量变化阶段；2000年相关数据收集基本完成。

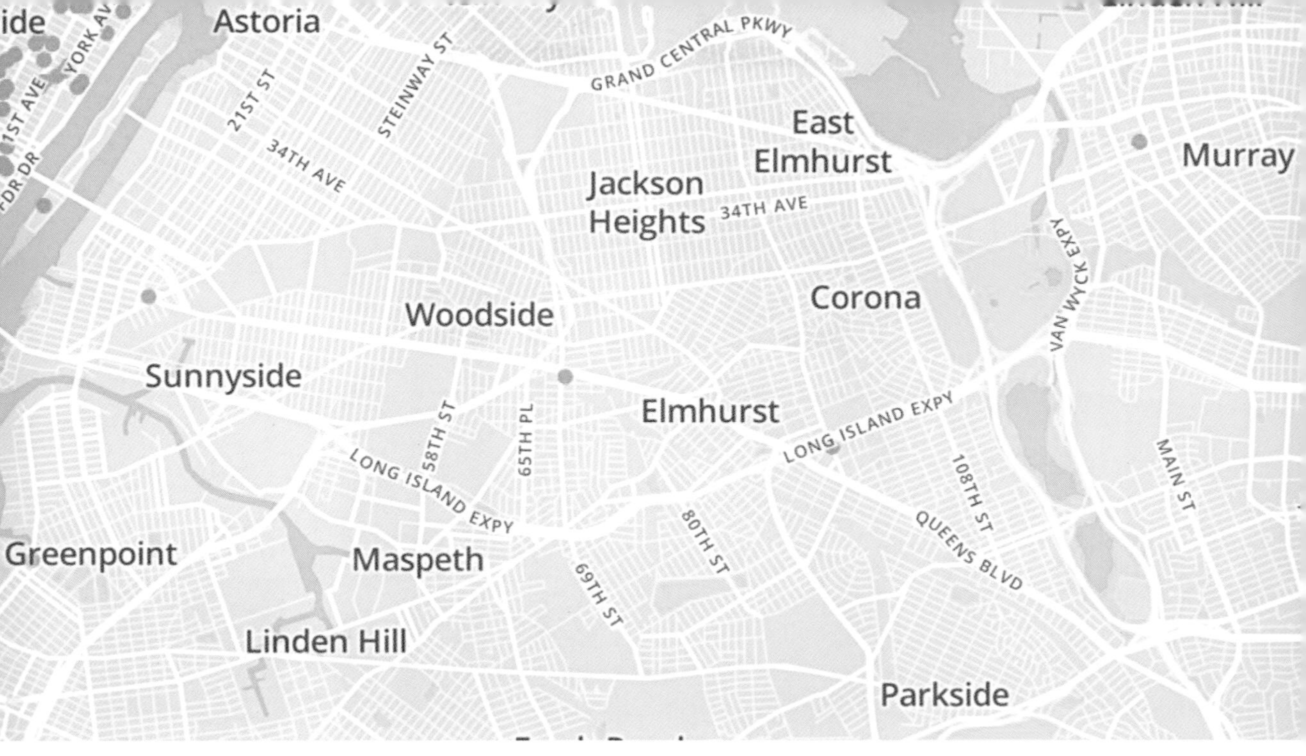

图2-7 POPS交互式地图

（上图）根据POPS数据库（2018）统计，纽约私有公共场所主要集中在曼哈顿下城区、中城区和上东区。随着商业办公类型建筑规模的扩大，布鲁克林区和皇后区等其他行政区的POPS也越来越多。

人土地拥有者提供公众使用的室外空间，以换取或免除额外的建筑面积。可见，POPS政策旨在确保城市最密集的区域拥有足够的公共开放空间和绿化设施。正是由于存在着大量POPS类型的公共空间，高墙耸立的水泥森林才得以显现一处又一处的绿色花园（图2-7）。

除了康奈尔科技校区一类的园区和户外广场，常见的POPS类型还包括骑廊、人行廊道空间、过街式广场、人行道拓宽区、露天大厅等等。这些场所与城市公园除了土地使用性质不同，维护、审批和监管执行部门也不一样。POPS由业主负责维护，申请时需经市规划局资格审批，并获得房屋局（*Department of Building*）授权许可。

根据纽约市规划局公布的最新数据，截至2019年12月，纽约市共有私有公共场所592处[1]。虽然这些场所通常以小尺度空间为主，但总面积相加仍然超过了35公顷，相当于为纽约市增加了9个布莱恩特公园（*Bryant Park*）大小的公共活动面积，因此成为影响纽约城市形态不容忽视的重要因素。

POPS政策最早可以追溯到20世纪初。1916年，在恒生大厦（*Equitable Building*）的负面影响下，纽约市颁布了美国第一个全市分区条例。该条例通过“缩进原则”将塔楼限制在一定比例内，以避免高层建筑物阻挡路面街道采光及通风。1961年，受利华大厦（*Lever House*）、西格拉姆大厦（*Seagram Building*）[2]等开放型办公大楼项目启发，纽约市规划局出台新的区划条例，开始以“建筑容积率”规则代替缩进原则。由于该条例首次明确私有开发商提供公众空间可以换取额外的建筑面积，因此被普遍认为是POPS政策的起点（图2-8）。

[1] 纽约市现有的私有公共场所分属于389栋建筑之中，包括综合广场168例；拱廊89例；住区广场62例；城市广场41例；公共广场17例；步行连廊15例；街区连廊通道10例；街区连接通道10例；其他180例。

[2] 由密斯·凡·德·罗（*Ludwig Mies van der Rohe*）和菲利普·约翰逊（*Philip Johnson*）共同设计，是纽约第一座使用高强度螺栓连接、垂直桁架支撑系统的高层建筑。

PENSKE
E 52 St

图2-9 利华大厦

（左图）建筑获得美国建筑师协会“25周年国家奖”，1982年被指定为纽约市地标建筑，列入《美国国家历史古迹名录》。

图2-10 图2-11 利华大厦内景

（右图）改造项目获得2004年美国景观设计师协会专业奖优秀设计奖。

1952年建成的利华大厦是美国现代建筑的分水岭，它由SOM建筑设计事务所戈登·邦夏（*Gordon Bunshaft*）设计，是世界上第一座玻璃幕墙高层建筑（图2-9）。大厦外观可以视作两个方形体块的相互穿插，北侧为21层板式建筑，南侧2层呈正方形基座形式。楼内包含一个开放庭院，可避免大堂入口位置受到往来行人的影响。2001年，利华大厦被RFR地产公司收购后，进行了幕墙翻修和庭园景观改造。肯·史密斯景观设计事务所（*Ken Smith Landscape Architect*）在尊重历史原貌基础上修复了树篱基座（图2-10、图2-11），并放置了雕塑家野口勇（*Isamu Noguchi*）设计的雕塑和大理石长凳。

利华大厦建成后，越来越多的高层建筑物通过开放的相邻空间向POPS转型，从而有力地融合了建筑之间的空间形态。至1996年区划条例标准更新时，已建成167个广场和87个骑廊，其中有许多场所至今仍在使用。

此后，从哈德逊广场、皇冠高地到亿万富豪街（*Billionaires' Row*），纽约城市形态越来越体现出资本强势的一面。由于纽约绝大多数地产开发只执行合规（*As-of-Right*）开发条款，这意味着开发商仅需要建筑部分符合分区规定，不需要经过规划局审批。该条款并没有提供减轻阴影影响的有效方法，照此发展，约占全市园林系统一半的700个公园将面临被高楼的阴影覆盖的风险。地产开发造就的“八位数繁荣（*Eight Digit Boom*）”抬高了少数人的视线，却让更多的街道和公共绿地笼罩在阴影之中（图2-12至图2-14）。

可以说，POPS形式的出现是1960年代资本热潮进一步挤压公共空间，导致土地使用政策向社会弱势方倾斜的直接结果。而资本以主动或被动的方式所提供的私有公共空间又一定程度上调和了商业利益与环境效益之间的矛盾，体现出弹性的另一面。

除了高层建筑的崛起，持续不断的移民潮也加剧了纽约市土地政策的分配压力。激增的人口造成汽车数量的增加，从而带来了复杂的城市交通和停车问题。汽车时代的来临改变了城市景观，并以一种独特的方式塑造着建筑环境形式。随着人群聚集程度的提高，被开放空间包围的高楼逐渐取代传统街区。在这种情况下，POPS类型必须能够适应以车行尺度为导向的新型生活方式。为此，纽约市开始进一步拓展更多类型的私有公共场所。1968年至1975年间，出现了建于停车场之上的抬升式广场、下沉广场等新型公共空间类型。此外，根据产业、商业和住宅的不同要求，还分别建造了不同的附属POPS，从而使城市形态向着勒·柯布西耶（*Le Corbusier*）所设想的“园中塔楼”模式不断演进。

虽然两次区划条例有效地为高层建筑创造出更多的公共空间和社会价值，但早期的标准建造并没有明确休憩、照明设施和植物绿化等方面的具体要求，空间利用率也不高。1969年，威廉·怀特（*William Whyte*）开始使用观察记录法描述行人在城市环境中的行为。随后，纽约规划局根据怀特的环境行为领域研究成果正式出台了城市开放空间修正案。在此基础之上，1975年至1977年间POPS设计标准又进行了重大调整，引入了露天咖啡馆和售货亭，并要求业主提供各类便民设施如座椅、照明设备等。同时采取了人车分流以及禁止设置排气口等措施，对标牌、围挡以及绿植等也作出了更为详细的尺度规范。此外，新标准明确规定了POPS场地必须符合《美国残疾人法》的无障碍设计要求，从而进一步改进了公共空间的实用性。

1980年代开始，采光评估首次纳入中城特区的开发建设中，以最大限度地提高公共领域的日照暴露量。与此同时，高密度住宅区私有公用广场呈现出显著的增量变化特征，至2007年一共建造了62个住宅广场。进入1990年代后期，POPS的设计、管理和研究逐渐趋于成熟，成为社会各界所关注的现象。纽约城市规划局、市政艺术协会以及哈佛大学展开合作，共同研发了纽约市私有公用空间电子数据库（*Privately Owned Public Space Database*）。2000年，哈佛大学公共空间学者杰罗德·凯登（*Jerold Kayden*）出版《私有公共空间：纽约市的体验》一书，将POPS现象引入系统化定性分析研究领域。

图2-12 高层建筑监测图

纽约市政艺术协会（*Municipal Art Society*）同步跟踪完成、在建和拟建的100多个超高层建筑。*MAS*于2013年、2017年两度发布研究报告，指出高层建筑阴影负面影响的普遍性。研究表明，现有的分区和环境审查法规不足以保护城市公园免受附近超高层建筑的影响。

图2-13 西57街217号

根据*MAS*进行的系列阴影研究显示，57街新建的豪华建筑群对中央公园的南端造成了严重影响，高楼阴影从多个位置遮挡了园内的天空，并笼罩旋转木马、球场、动物园和其他特色景点。西57街217号建筑在9月21日下午4点时，阴影长度可达4000英尺（或3/4英里）。

图2-14 阴影下的城市

分区法规、房地产市场以及建筑技术共同催生了纽约市疯狂的天际线。由于1961年分区决议制定者未能预测如此规模的建筑群，致使大多数高层建筑规避了纽约市公共土地统一审查（*ULURP*）和城市环境质量审查（*CEQR*）程序。*MAS*认为这些建筑物与周围的社区环境脱节，遮挡视野通道，并且无可挽回地破坏街景和天际线。图中模拟了2014年12月至2025年12月间拟建的高层建筑阴影影响。

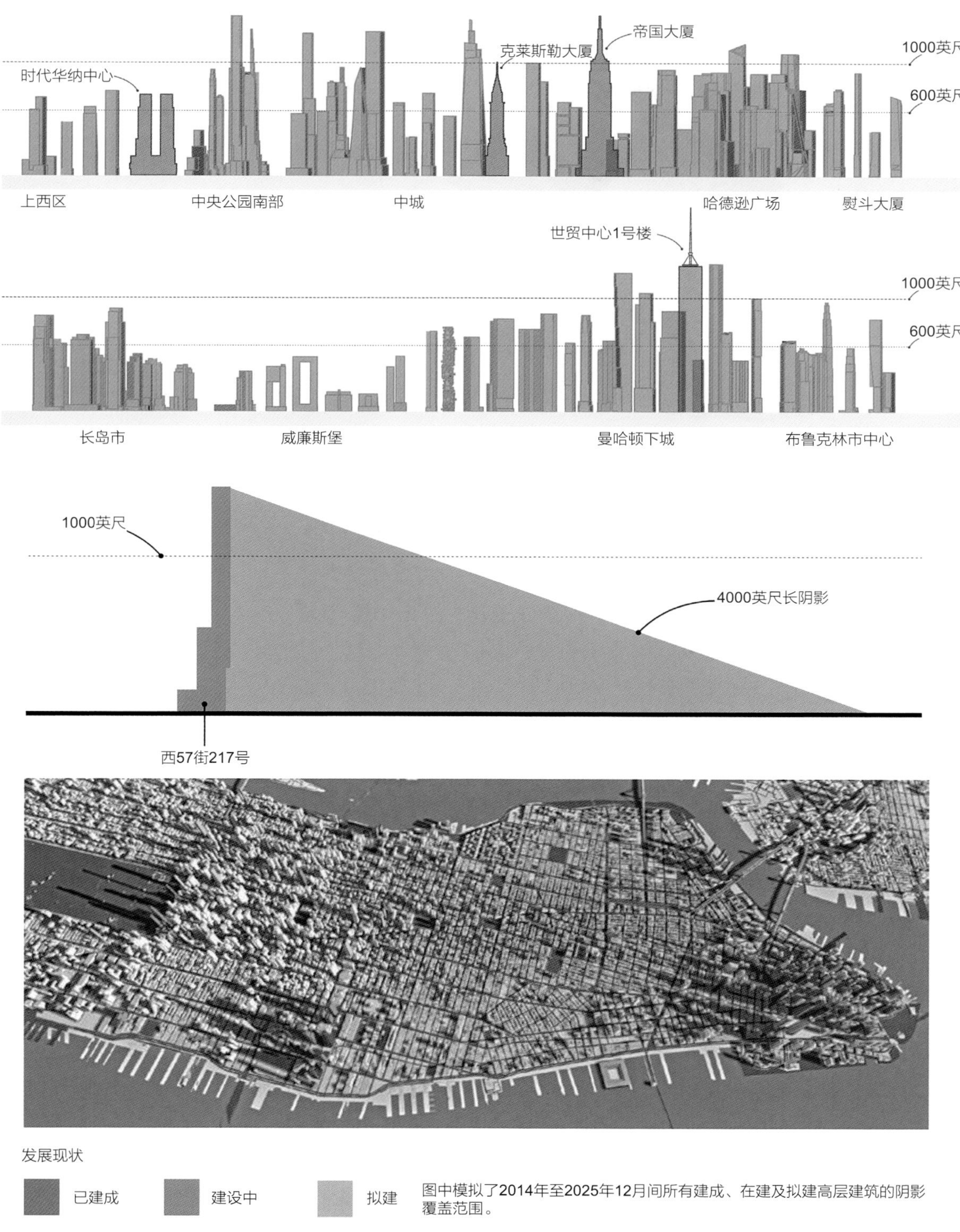

图中模拟了2014年至2025年12月间所有建成、在建及拟建高层建筑的阴影覆盖范围。

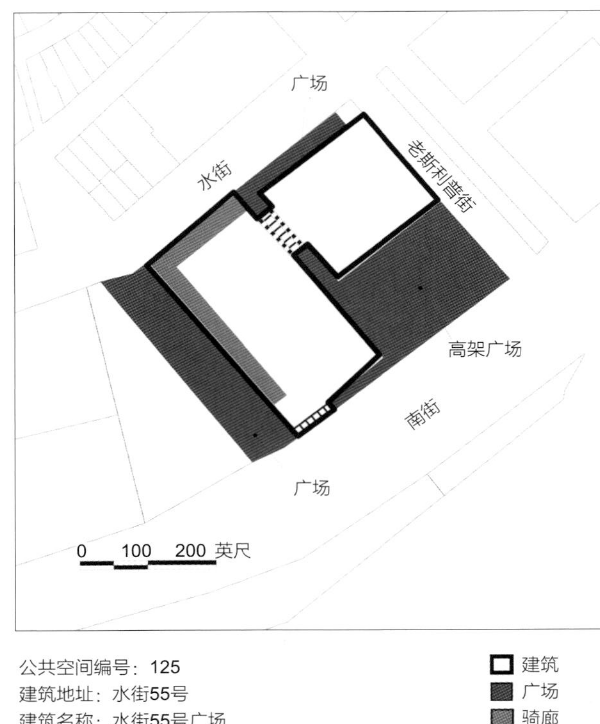

图2-15 水街55号广场

金融区位于曼哈顿南端，集中了众多金融机构办事处和总部，是纽约成为世界金融和经济中心的重要源动力。高架广场的存在使其成为金融业上班族享受午餐时光，游客欣赏布鲁克林大桥风景以及居民聚会的绝佳场所。

如今POPS已经逐渐地从过渡型空间转变为人们出行的目的地。曼哈顿南端的金融区集中了众多机构的办事处和总部，其中最为隐秘的私有公共空间要属水街55号广场（*The Elevated Acre at 55 Water Street*）。实际上这块场地早在1970年代初就已经存在了，原属建筑物参照1961年的区划条例在停车场顶部留出了这块空地，从而换取了六层楼的建筑使用面积。

水街55号广场总面积为1英亩，对应了英文名称中的“*Acre*（英亩）”。场地北临老斯利普大楼，南接越南退役军人纪念广场，距华尔街和世界贸易中心仅几步之遥。其东西两侧入口需通过50级阶梯才可到达，极易被忽略。这种具有明显缺陷的场地特征反而使其成为闹市中的一处桃源，给初次到来的人们带来“清溪几度到云林”的场所体验。2005年，罗杰斯·马威尔建筑事务所（*Rogers Marvel Architects*）联合肯·史密斯景观设计事务所（*Ken Smith Landscape Architect*）对场地进行改造，将其转变为一个充满活力、功能多样的抬升式广场（图2-15）。

广场的主入口设在水街西侧，整个场地路网环通，通过铺地的材质变化可分为休息区、露天剧场和眺台。拾级而上，休息区场地植被茂盛，绿树成荫，其中间隔摆放休息椅，作为尺度宜人的独处或交谈空间。露天剧场满铺草坪，是举办音乐、舞蹈、电影、婚礼以及双河艺术节（*River to River Festival*）的最佳场所。主路蜿蜒通往眺台，台面铺以巴西硬木，与东河9米的落差使之成为一览布鲁克林大桥和纽约港的绝佳景点。暮色降临，LED信标塔散发出不同颜色的灯光，吸引沿岸游客一探究竟（图2-16）。

图2-16 广场内景

水街55号广场设计荣获多项设计奖项，包括：美国建筑师学会纽约市建筑类城市设计奖，美国建筑师学会纽约州协同设计优秀奖，市政艺术协会纽约市大师奖，大纽约建筑用户委员会杰出项目奖。

West St
ONLY
West St
To 278
Bklyn-Battery
Tun
STAY
IN
LANE

从尺度上看，私有公共空间面积多为2000至10000平方英尺之间，规模小于一般城市公园。其区位选择沿街而设，重视利用相邻建筑空间，且通过限制高差、无遮蔽以及人行道15英尺范围内设置座椅等方式吸引人流。规则的平面构图、方正的几何设计，这些特征都恰好契合了网格式的城市格局。

在美国自然式风景园中，植物、地形、水体等都是必不可少的核心要素，私有公共空间却不过度依赖种植设计，创造出了一种不同于自然主义、偏向商业审美的现代景观艺术形式（图2-17至图2-19）。私有公共空间对种植面积的需求约为20%，并可采取树池、地被植物以及可进入草坪等形式，植物已经不再成为组织流线、划分空间、形成风格的必要手段。取而代之的是环境设施，《纽约市区划条例》中明确规定了各类设施设计标准，从局部到整体地影响了私有公共空间的形式风格（表2-2）。

图2-17 伊丽莎白女王二世花园

（上图）建园目的是为了纪念“9·11”恐怖袭击事件中的英联邦国家受害者。花园采用了古典主义手法，强调对植物的人工修剪。

图2-18 IP软件广场

（下图）IP软件广场按照最新POPS设计标准建造，通过设施设计营造出通达、便利的空间氛围。

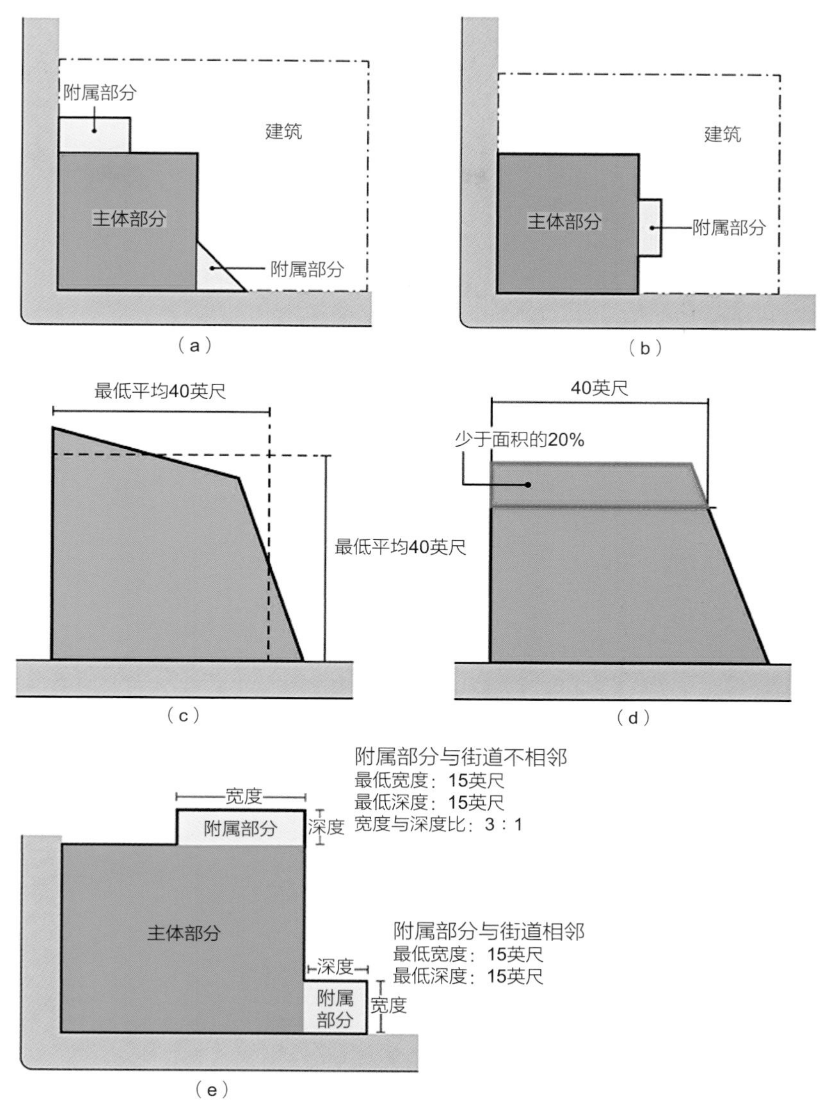

公共广场设计标准与POPS形式的对应关系 表2-2

序号	类别	条例规定	形式关联
（a）-（e）	布局	（1）公共广场可以分为主体部分和附属部分； （2）主体部分必须占总面积的75%以上，保持形态规整； （3）为了兼顾场地灵活性，允许附属部分随建筑立面变化有所凹凸，但该部分不得超过总面积的25%； （4）主体部分平均面宽和进深不低于40英尺，允许附属部分不超过总面积的20%，进深小于40英尺； （5）允许附属部分在与主体部分相邻且面宽和进深不小于15英尺的前提下，尺寸和可见性适当低于标准要求	决定了大多数的POPS平面形式以矩形、正方形等规则形式出现，同时保留了灵活性和多样性

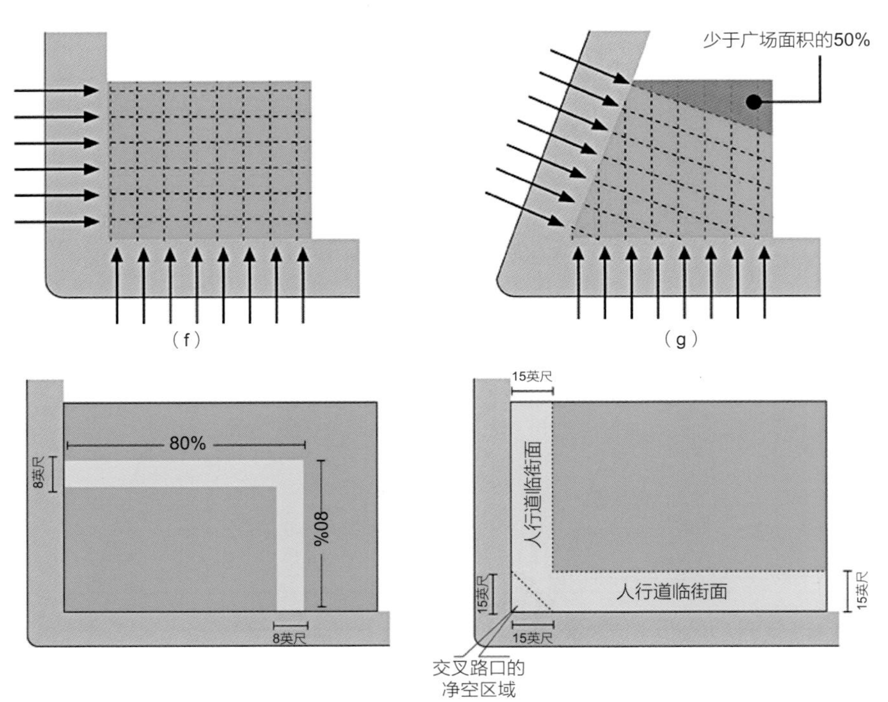

图2-19 祖科蒂公园

超过5000平方英尺的POPS需要提供艺术品等设施，右图为“生活的喜悦（*Joy of Life*）”雕塑。

续表

序号	类别	条例规定	形式关联
（f）-（g）	可见性	（1）在理想状态下，当两条街道呈直角相交状态时，公共广场必须完全可见； （2）当两条街道以其他角度相交时，要求从一侧街道完全可见，另一侧临街至少具有50%的可见度	体现为通透性、无遮蔽的空间形态
（h）	可达性	（1）过街式广场必须包含宽度不少于10英尺的连接通道，可设置相应休憩和照明设施，种植绿化； （2）如果广场与高度超过120英尺的建筑物相邻，则需要退界至少10英尺，净空高度在60至90英尺之间； （3）场地内需要设置8英尺宽且至少80%面积可达的环通路径	体现为开敞性、人性化形式特征
（i）	人行道临街面	（1）公共广场前15英尺之内的区域为人行道临街面，该面积至少50%的范围内不得有障碍物； （2）位于十字路口的人行道临街面15英尺内以及垂直于街道线的区域内需要保持净空； （3）距街道3英尺以内的卫生设施或其他设计元素（例如种植墙和水景）高度不得超过2英尺	体现为临街面开放、自由的布局形式

Cedar ST
Broad
ONE WAY

Gravesend
Coney Island
Brighton Beach
Asser Levy Park
New York Aquarium
You
Avenue Y
Avenue Z
Belt Parkway
Shore Parkway
Ocean Parkway
Neptune Avenue
West Avenue
W 5 Street
W 2 Street
Brighton Beach Avenue
West Brighton Avenue
Sea Breeze Avenue
Surf Avenue
Ocean View Avenue
Shell Road
West Playground
Beach Haven Apartments
Coney Island Hospital
Herbert S. Heisenberg School, IS 303
Abraham Lincoln High School
William E. Grady Career and Technical Education High School
Grady Playground
Amalgamated Warbasse Houses
Trump Village
Church of the Guardian Angel
Coney Island School, PS 100
Jim Thorpe School, PS 370
Century Playground
Brighton Beach Library
Brighton Playground
Brooklyn-Queens Greenway
Coney Island Boardwalk
Coney Island Beach
Neptune Av
Ocean Pkwy
Brighton Beach
5 minutes
6 minutes
Amphitheater
Brightwater Towers
St. Paul's Lutheran Church
Magnet School for Multicultural Humanities, PS 253
Young Israel of Brighton Beach
Beach Haven Jewish Center

2.4 共享交往街道

作为一个系统性组织结构，纽约网格式城市格局包含了“建筑—景观—街道”三个不同层次的位序要素。资本逻辑主导了城市中心区域地标建筑的物质形态特征，导致了城市面貌趋同、差异性消退。陷入扩张悖论的资本开放了私有公共空间，与公园、绿地一起成为纽约形式界面不可或缺的景观要素。街道作为串联两者的功能性要素既是交通基础设施又是人们行为的发生场所，伴随着资本扩张将纽约从一个传统尺度的原始聚落生长为现代都市，对其形式逻辑产生了独特影响。

早期的纽约街道是作为步行和自行车骑行共同使用的，具有流动性、立体性和社会性特征。在汽车问世之前，纽约街道的使用者是多种多样的，它不仅作为交通路线使用，更是成了城市的前院和公共广场。在并不宽敞的路面上，马车、自行车以及有轨电车相互错杂，行人与手推车摊贩并行其中，是一个名副其实的户外集会、儿童游乐和邻里交往的共享街道。尽管交通安全和卫生问题层出不穷，但此时的纽约街道充满了活力。

随着19世纪后期使用自行车进行娱乐和锻炼的人数大大增加，公园部门开始制定自行车规章制度。1880年，弗雷德里克・劳・奥姆斯特（*Frederick Law Olmsted*）主持修建了海洋公园大道（*Ocean Parkway*），最初的设计就包括了一条由行道树间隔开的人行通道。1894年，为了开辟自行车专用空间，人行通道进行了重新划分，由此成为美国第一条自行车道（图2-20）。1896年展望公园举办了游行活动，当时访美的直隶总督李鸿章与布鲁克林区长一起参观了公园，随行人员是由骑自行车的市民护送的。

图2-20 海洋公园大道

海洋公园大道被纽约州运输部纳入纽约州际路线，如今已成为一条多用途通道，与东公园大道一起构成了“布鲁克林-昆斯绿道”的主体，提供了康尼岛和长岛湾之间的联系。布鲁克林海滨绿道工程将顺延奥尔姆斯特德的原始规划，将其进一步扩展为纽约市的主干绿道。

20世纪初的美国城市步入汽车时代，机动车道成为街道的主体，行人反而被视为“乱穿马路的人（*Jaywalkers*）”。弗吉尼亚大学技术史学家彼得・诺顿（*Peter Norton*）研究了1910至1930年代美国城市交通转型时期的发展情况，他在《抗争交通》一书中指出：“为了容纳汽车，美国城市不仅需要进行物质改造还需要进行社会改造。这不是一场进化，而是一场血腥、有时是暴力的革命。”不难看出，当汽车被引入街道之时市政和工程设计者并没有充分预见到它们的负面影响。

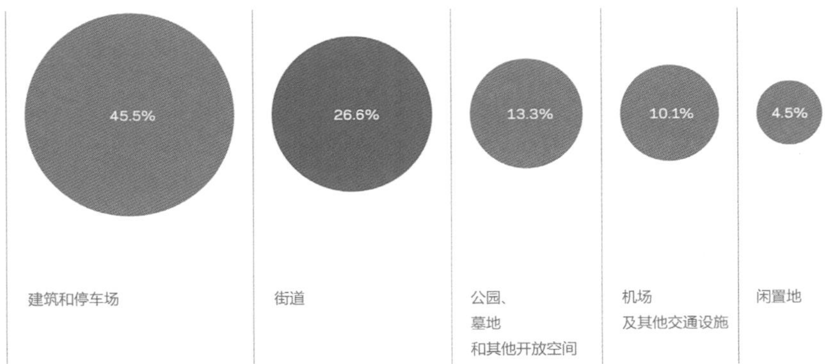

车祸造成频繁的行人伤亡以至于市民们不得不定期游行纪念死者，市政当局甚至一度要求制造商们对发动机速度进行限制。1910年代，车主协会发起了立法运动，希望解决公众负面情绪引发的“反汽车运动（*Anti-automobile Campaign*）”。随后各项法律和工程标准陆续出台，公众的安全性问题得到一定程度的缓解，但汽车在道路上的主体地位也随之得到巩固，最终导致在整个20世纪的大部分时间内纽约街道都是围绕着汽车交通设计的。

除街道外，与汽车交通相关的用地类型还包括公路、桥梁、立交、停车场、候车亭、车站等。它们轻易地占据了纽约土地使用面积的四分之一，成为城市形式界面无法忽视的组成部分（图2-21）。如果延续以汽车交通为导向的街道设计模式势必增加噪声和温室气体排放，降低市民户外锻炼和社会活动频率，造成土地资源利用的不可持续。2012年超强飓风桑迪来袭使纽约人进一步意识到弹性景观的重要性，街道必须和建筑、景观一起组成海绵城市的生态安全网络。从此纽约开始通过设计途径改造城市街道，回归“自行车之城（*Cycling of the City*）”，实现交通服务、城市生态和公众健康的均衡发展。

自行车回归纽约街道是以完善的现代公共交通体系为前提的。纽约城市交通经历了17世纪的水路运输时代，蒸汽机革命推动的铁路、汽车时代，至1960年代已发展为以公共交通为主体的复杂运输网络（图2-22）。其中大都会交通运输管理局（*The Metropolitan Transportation Authority*）运营的纽约地铁是市民出行的首选，也是世界上唯一24小时运营的地铁系统。此外，纽新捷运（*PATH*）、空铁联运（*Airport Rail Link*）、轮渡（*NYC Ferry*）、公交、出租车、直升机以及北美第一条通勤高空缆车——罗斯福岛缆车（*Roosevelt Island Tramway*）的应用也十分广泛，这些都为自行车系统重建奠定了基础。

在过去5年中纽约大部分地区的机动车交通量持续减少，这得益于市政在地铁、公交和基础设施方面的巨额投资。这些投资刺激了非汽车出行方式的快速增长。纽约市交通局已将自行车网络增加了近330英里，共80万纽约人定期使用自行车出行，日均使用超过49万次，是15年前的3倍。这表明街道设计与出行模式选择之间存在正向关系，提供行人活动和自行车服务的街道将比汽车优先街道产生更多的可持续效应。

图2-21 土地面积占比

规划与可持续发展市长办公室公布的“*MapPLUTO*”数据表明，如果按用途划分，街道占用了纽约市土地面积的四分之一以上，达到26.6%。其他用途比例为：建筑物和停车场占45.5%，公园、墓地和其他开放空间占13.3%，机场、其他交通设施占10.1%，闲置地占4.5%。

图2-22 纽约市公交系统

a为纽约城市地铁线路图。*MTA*在全市周围5000平方英里的区域内为1530万人提供服务。纽约地铁拥有493个站点和36条线路，是世界上历史最早、年客流量最多、站点数量最多的地铁系统之一。b为纽约市轮渡航线和时间表。纽约轮渡是纽约人工作、生活和娱乐的最新交通方式。c为2015年纽约货运线路图。纽约市拥有近1000英里的指定线路，是美国最复杂的卡车货运路线系统之一。d为2020年纽约市自行车线路图。纽约有近160万人选择自行车出行，一天骑行超过49万次。

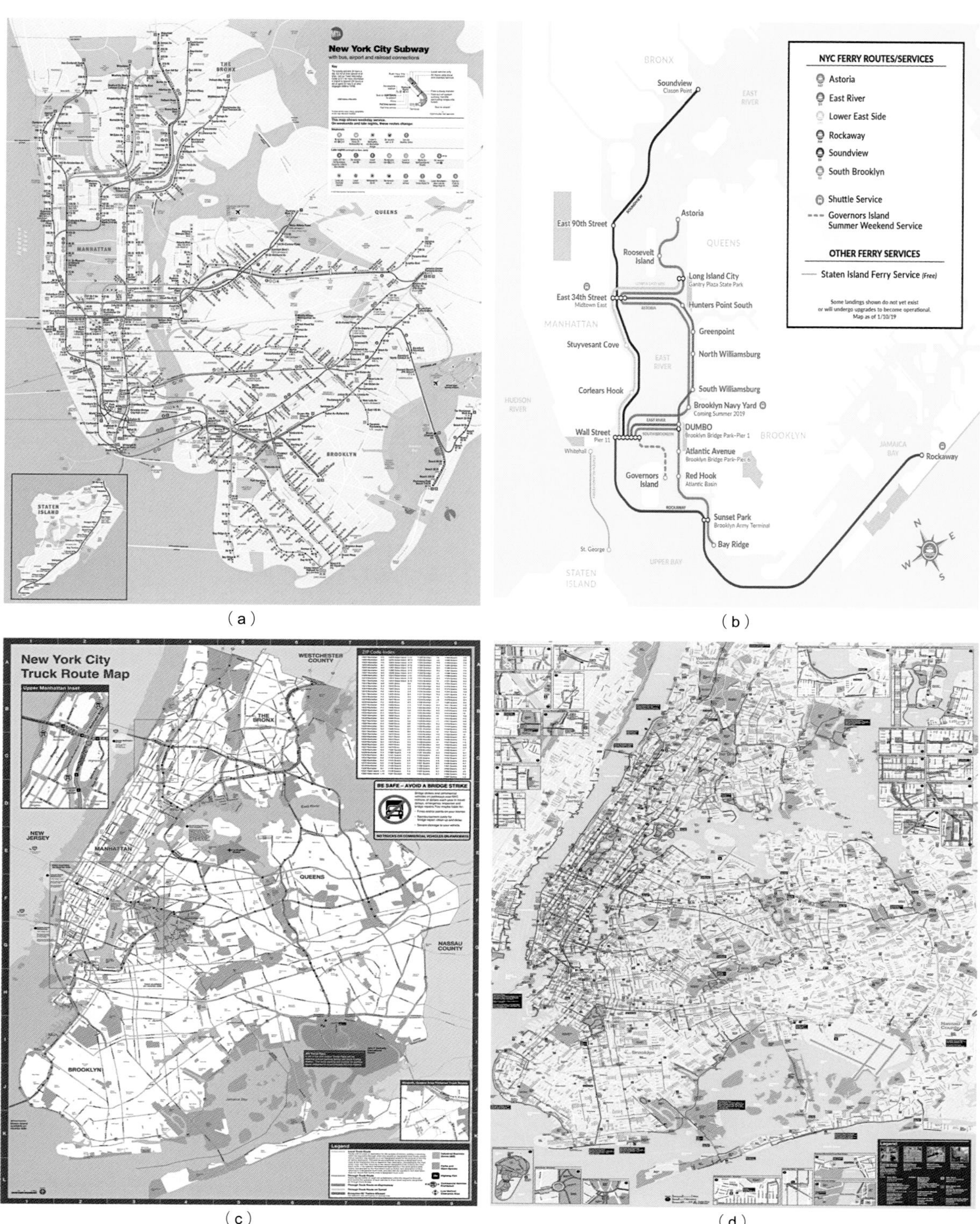

New York City Subway
with bus, airport and railroad connections
THE BRONX
MANHATTAN
QUEENS
BROOKLYN
STATEN ISLAND
NYC FERRY ROUTES/SERVICES
Astoria
East River
Lower East Side
Rockaway
Soundview
South Brooklyn
Shuttle Service
Governors Island Summer Weekend Service
OTHER FERRY SERVICES
Staten Island Ferry Service (Free)
Some landings shown do not yet exist or will undergo upgrades to become operational.
Map as of 1/10/19
BRONX
Soundview
Clason Point
EAST RIVER
East 90th Street
Astoria
Roosevelt Island
QUEENS
Long Island City
Gantry Plaza State Park
East 34th Street
Midtown East
Hunters Point South
MANHATTAN
Greenpoint
Stuyvesant Cove
North Williamsburg
Corlears Hook
South Williamsburg
HUDSON RIVER
Brooklyn Navy Yard
Coming Summer 2019
Wall Street
Pier 11
DUMBO
Brooklyn Bridge Park–Pier 1
BROOKLYN
Whitehall
Atlantic Avenue
Brooklyn Bridge Park–Pier 6
JAMAICA BAY
Rockaway
Governors Island
Red Hook
Atlantic Basin
Sunset Park
Brooklyn Army Terminal
St. George
Bay Ridge
UPPER BAY
STATEN ISLAND
N
E
S
W
New York City Truck Route Map
Upper Manhattan Inset
WESTCHESTER COUNTY
ZIP Code Index
THE BRONX
BE SAFE – AVOID A BRIDGE STRIKE
NEW JERSEY
MANHATTAN
QUEENS
NASSAU COUNTY
BROOKLYN
Legend
Brooklyn
Legend

（a）（b）

（c）（d）

纽约市自行车道分类[1]

	一级自行车道	
	信号保护车道	混合区保护车道
空间需求	14英尺	8英尺
占用停车位	高 （1）5-6个停车位； （2）转弯路口（通常每隔一个街区）	高 4-5个停车位或混合区（通常每隔一个街区）
理想适用场地	商业街道 （1）宽阔的单向多车道街道； （2）剩余的道路空间； （3）高速车辆通行区域； （4）并入自行车道可能性较高的行车区域	商业十字街 （1）一车道或两车道的街道； （2）剩余的道路空间； （3）低速车辆通行区域，以及确保安全的混合区域； （4）并入自行车道可能性较高的行车区域
优点	（1）充分保护骑车人； （2）极大增强行人的安全性和舒适性	（1）保护骑车人； （2）混合区域可以协调转弯冲突； （3）比信号保护车道更容易实现； （4）信号时序不变
缺点	（1）空间需求较高； （2）影响停车； （3）定时信号和加载增加了延迟现象； （4）骑车者的随机性； （5）复杂的检查和实施流程； （6）在复杂的交叉路口需要转弯限制以保持车辆通行	（1）影响停车； （2）骑车者的随机性； （3）未经证实（实验性阶段）； （4）复杂的审查和实施流程； （5）与浮动式停车规范冲突

[1] 引自纽约市交通局《街道设计手册》58页：表1-纽约市街道自行车设施指南（*New York City Department of Transportation. Street Design Manual, P58: TABLE 1 - Guide to New York City On-Street Bicycle Facilities*）。值得注意的是，虽然此处一、二、三级车道均翻译为“车道”，但原文中一级自行车道为“*Bike Path*”；二级自行车道为“*Bike Lane*”；三级自行车道为“*Bike Route*”。*Path*、

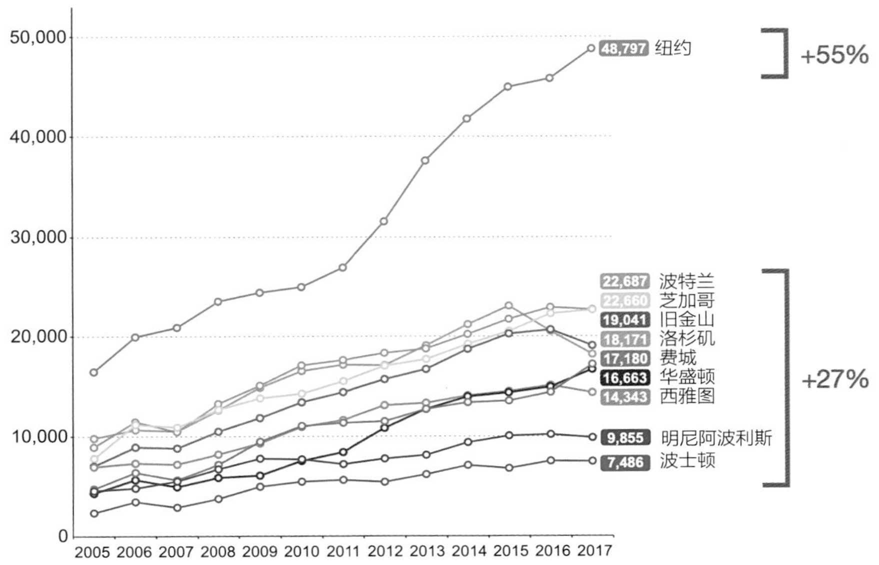

表2-3

二级自行车道		三级自行车道	
缓冲车道	标准车道	共享车道	标记车道
尺	5英尺	无 宽（13英尺）行车道优先	无 宽（13英尺）行车道优先
—低 除非没有可用的空间，否则通常保留停车位； 有时需要严格的限制规定	中—低 （1）除非没有可用的空间，否则通常保留停车场； （2）有时需要严格的限制规定	低 通常可保留停车位	无
街道 宽敞的多车道街道； 剩余的道路空间； 并入自行车道可能性低的行车区域	住宅交叉街道 （1）一车道或二车道； （2）剩余的道路空间； （3）并入自行车道可能性低的行车区域	狭窄街道 （1）一车道或两车道的街道； （2）没有多余的道路空间； （3）已连接其他自行车设施的区域	限制使用 （1）临时使用； （2）已连接其他自行车设施的区域； （3）标明自行车优先路线； （4）保留路边通道
专用的骑行空间； 缓冲区可提高骑车人舒适度； 可保留路边通道； 实施简单	（1）专用的骑行巷道空间； （2）可保留路边通道； （3）实施简单	（1）清晰且易于遵守的自行车路线； （2）能提高驾驶员对骑车人的观察； （3）保留路边通道； （4）实施简单	（1）标明自行车优先路线； （2）可保留路边通道； （3）实施简单
存在车辆并入的可能性； 道路过宽或许会误导车辆并入； 被认为不如受保护车道安全	（1）存在车辆并入的可能性； （2）骑车人与机动车道的间隔极小； （3）被认为不如受保护车道安全	（1）没有提供专用自行车道； （2）骑车人与机动车道无间隔	（1）没有提供专用自行车道； （2）骑车人与机动车道无间隔； （3）标牌放置至关重要

左页） *Lane*、*Route*的词意和使用范围都有区别，*Path*指尺度不宽的小径，*Lane*多指的小道或巷道，*Route*指从此处通往彼处的路线、路程等。

[2] 纽约市公园管理局将绿道定义为“线性的开放空间”。绿道扩大了市民散步、慢跑、骑自行车和轮滑等休闲活动空间。目前规划建设的绿道包括14英里的布鲁克林海滨绿道和28英里的牙买加湾绿道，他们是构成纽约市交通基础设施的重要组成部分。

图2-23 自行车通勤人数

纽约市通过不断改进设计标准建立了便捷的自行车网络。数据显示，纽约自行车通勤人数长期位居美国主要城市之首。2012年起，纽约市自行车通勤的人数有了明显的增量变化，2017年是其他城市的两倍。

根据不同的空间和场地需求，纽约市自行车道又可分为三种车道等级，六种车道类型（表2-3）。形式多样的自行车道配合铺地材质、色彩和照明设计大大增强了城市底界面的层次感，处处体现形式与逻辑之间的对应关系。进入21世纪以来，随着共享自行车（*Citi Bike*）的引入、城市街道自行车网络的延展以及新型绿道（*Greenway*）[2]的出现，在纽约选择骑自行车出行的通勤人数比其他主要城市增长了近2倍（图2-23）。

自行车回归街道使城市“慢生活”成为现实，也为传统街道转型为共享型交往空间创造了条件。共享型街道满足了城市经济发展所需的人员和货物运输，但不意味着以牺牲社区需求为代价，需要在社区使用和街道流动性之间达到平衡。不仅如此，共享型街道还有助于强化邻里空间的文脉特征，与城市历史地段的周围环境相呼应，保留历史风貌和社区独特性。

建设共享型街道还需要大量财政资金，必须在兼顾成本效益基础上贯彻可持续性与弹性设计原则。改造过程中，纽约市交通局通过减少不透水表面、植被覆盖最大化、增强周期性雨水淹没承受能力等措施有效地改善了城市生态环境。因此平衡设计、文脉设计、可持续性与弹性设计以及成本效益等原则成为纽约共享型街道形式逻辑的发起点，具有通用性（*Universality*）和包容性（*Inclusively*）两大特征。

图2-24 共享型街道

在通用性设计原则的倡导下，纽约城市街道的功能更为多元化。右图总结了与共享街道建设相关的市政机构及其负责内容。

在纽约网格式城市环境中，共享型街道需要使用标准材料以获得整体感。这些标准要求共享型街道在流程管理、铺地材料、照明设备、配套设施和景观种植等方面必须采用通用设计方式，以适用于联邦、州或地方的不同场地条件。只有处于城市历史地段且经由交通局和公共设计委员会（*Public Design Commission*）许可才能采用独特性设计手法。纽约交通局每年还将根据最新实验数据研发新设计，按照试点结果分为推广型、限制型和实验型三种应用类型。这些设计研发既包括邻里慢行区（*Neighborhood Slow Zones*）、绿波计划等新型交通混合模式，也包括减速垫、弯曲路堤、模态过滤器、抬升式路口等交通宁静化（*Traffic Calming*）措施，以及透水混凝土、透水沥青、橡胶铺地等新型铺面材料的研究。在交通规则方面，2019年试点实施的信号定时策略（*Signal Timing Strategy*）以骑行速度设置绿色交通信号频率，实现了骑行速度的稳定性。

通用性设计原则促使纽约大部分街道从单一的运输网络转向以自行车道为主体、层次更为丰富的共享交往空间（图2-24）。与此同时，随着婴儿潮一代的退休，纽约市老年人口所占比重已经上升为13%；纽约还有近100万残疾人群，约占全市人口的11%。由于预见到了无障碍技术将在日益数字化的信息时代起到重要作用，纽约于1973年成立了市长残疾人办公室，更加主动地将包容性设计原则融入市政交通形态。纽约市在所辖五个行政区安装了无障碍步行信号，全市493个地铁站中设有120个坡道或垂直通道电梯。每辆城市公交车都可以使用轮椅，有超过500辆约租车支持停放轮椅，并在2800辆出租车上安装有助听感应系统。此外，纽约交通局还与自行车厂商共同研发出残疾人可以使用的共享自行车，并对导航系统“iRideNYC”进行了系统改进。

纽约市拥有超过1.2万英里的人行道和18.5万多个街道拐角，这些人行专用道是构成共享交往街道的关键。尽管过去20年来城市自行车骑行已变得相对安全，但随着自行车道网络和骑乘人数的增长，骑行者的伤亡风险仍然存在，其中近90%的死亡事故发生在没有自行车道的街道上。2014年，纽约市发布“零愿景”（*Vision Zero*）倡议，旨在通过设计、工程、教育和执法进一步强化街道安全，使交通死亡人数降至零。在该倡议指导下，纽约交通局采用LiDAR技术进行了地形图像信息数据收集，并将这些数据与其他人口地理信息相结合，从而制定出更为精确的安全等级。纽约市每年还将建设30英里受保护自行车道，2022年建成10个自行车优先区。这些安全性举措将从界面、空间、美学、体验等各个方面重新定义共享交往街道。

虽然资本逻辑在很大程度上决定了城市中心区的建筑风格特征，但建筑通常是独立存在的个体，即使体量巨大、连成片区最终也会被公共街道隔离开。城市景观作为自然要素有规律的结合也必然受到人工环境的阻碍。街道作为城市底界面的连续体受几何形态交通流动的影响具有天然的网格式特征，成为城市结构布局的基本核心。由此而言，共享交往街道是构建城市形式逻辑的结构主体，“建筑—景观—街道”三位一体，共同生长，形成了纽约独具特色的网格式城市格局。

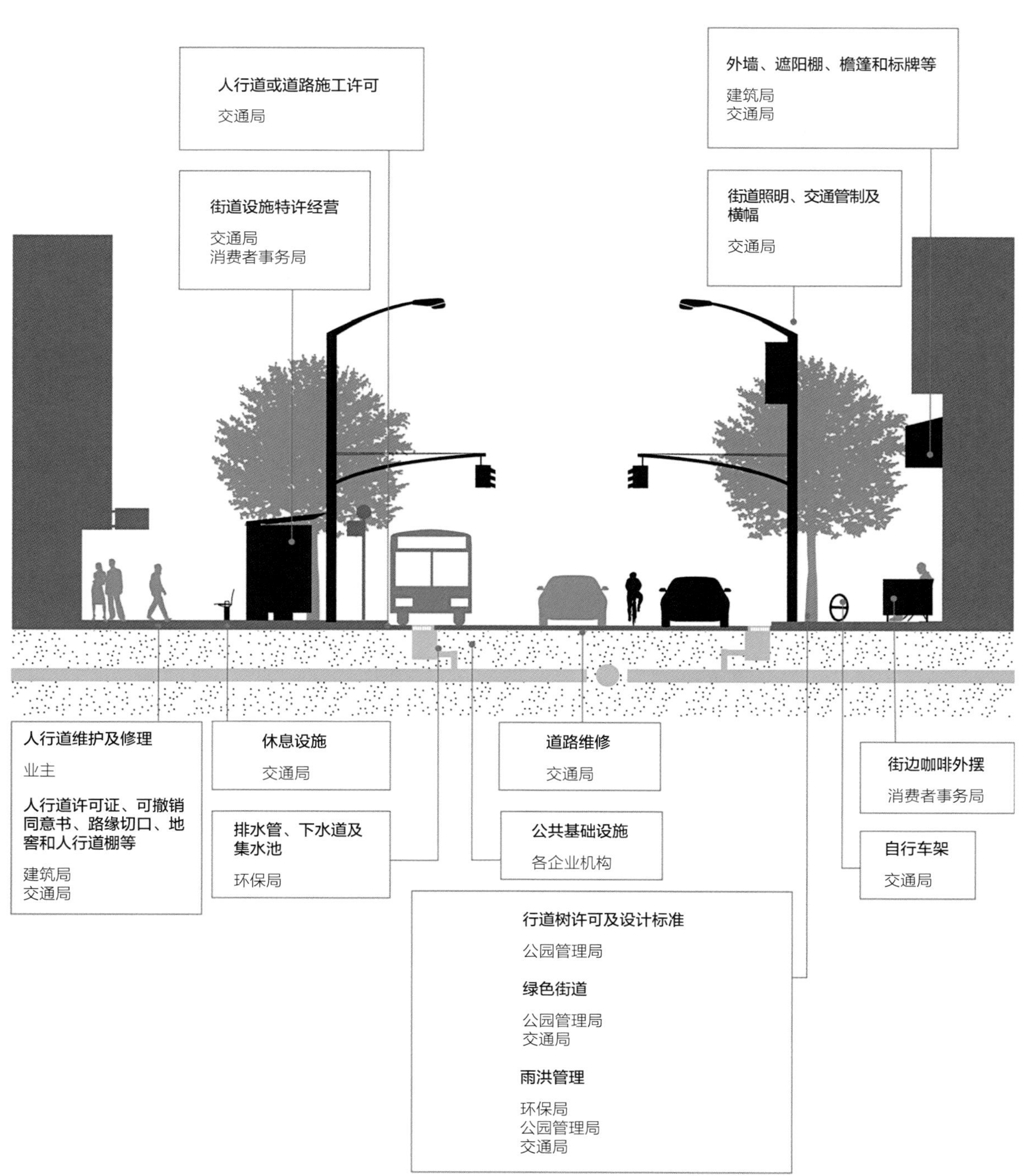
人行道或道路施工许可
交通局
街道设施特许经营
交通局
消费者事务局
外墙、遮阳棚、檐篷和标牌等
建筑局
交通局
街道照明、交通管制及横幅
交通局
人行道维护及修理
业主
人行道许可证、可撤销同意书、路缘切口、地窖和人行道棚等
建筑局
交通局
休息设施
交通局
排水管、下水道及集水池
环保局
道路维修
交通局
公共基础设施
各企业机构
街边咖啡外摆
消费者事务局
自行车架
交通局
行道树许可及设计标准
公园管理局
绿色街道
公园管理局
交通局
雨洪管理
环保局
公园管理局
交通局

艺术之于城市

3.1 艺术微更新

艺术以图形语言的组合方式广泛存在于各类城市更新设计作品中，并以形式美的方式为人们所感知。人们在城市游览时，总是偏爱井然有序的空间体验，但也厌烦千篇一律、单调刻板。这就要求城市更新设计既要有统一性，也要有矛盾性，保持相对独立的审美取向。统一，是形式美稳定的基础；矛盾，确立了形式美的多样性。拉扎罗苏豪（*Lazaro SoHo*）、特朗普大厦（*Trump Tower*）、华尔街120号（*120 Wall Street*）……正是由于这些城市中的建筑具有矛盾统一的形式美——其要素如形状、线条、色泽、材料、尺度等；其法则如形式因素之间的均衡、对称、对比、参差、变化等，才给我们的视觉带来了情感的冲击。

城市更新作为特定主体根据城市规划进行的土地功能分配利用方式，在本质上是一种人类的创造性行为。任何一种创造性的行为都需要通过某种“形式”表达出来。《辞海》对“形式”一词的解释为：事物外在的形状或内在的结构、组合方式。所以说，建筑的空间特征和装饰、景观的平面布局和空间组织、街巷的等级和尺度等等都可视作城市更新过程中的表现形式。不仅如此，城市的更新与发展还受到了有关人的诸多因素的影响，包括文化、思潮观念、行为习惯、社会关系、经济关系等等。这些虽然是无形的要素，却以特有的非物质形态影响着城市更新多元并存格局的形成。

设计是城市更新的起点，城市的建筑、景观、街道等物质形态要素的组织关系、位序关系和连通关系都经过了设计师的反复考量。设计又是一种视觉艺术逻辑，设计师在酝酿构思中需要勾画草图，复杂的情感思维才能通过图形载体表现出来。在计算机出现之前，方案成熟后也要通过手绘展示预设效果，使之符合人类的视觉感官规律，因此城市更新过程又具有天然的艺术和审美概念。

纽约城市更新设计的过程也是艺术语言组织、运用和介入的过程。它既包括平面拓扑关系中的点线面构成，又包括立面形式的构图技巧、比例分割以及体量的虚实关系等。格式塔心理学还强调了清晰性和可理解性对于艺术的传达是至关重要的。可见设计师只有遵循了艺术规律，才能在长期的实践活动中形成一系列规则、方法，使其作品形式给人以美的感受。

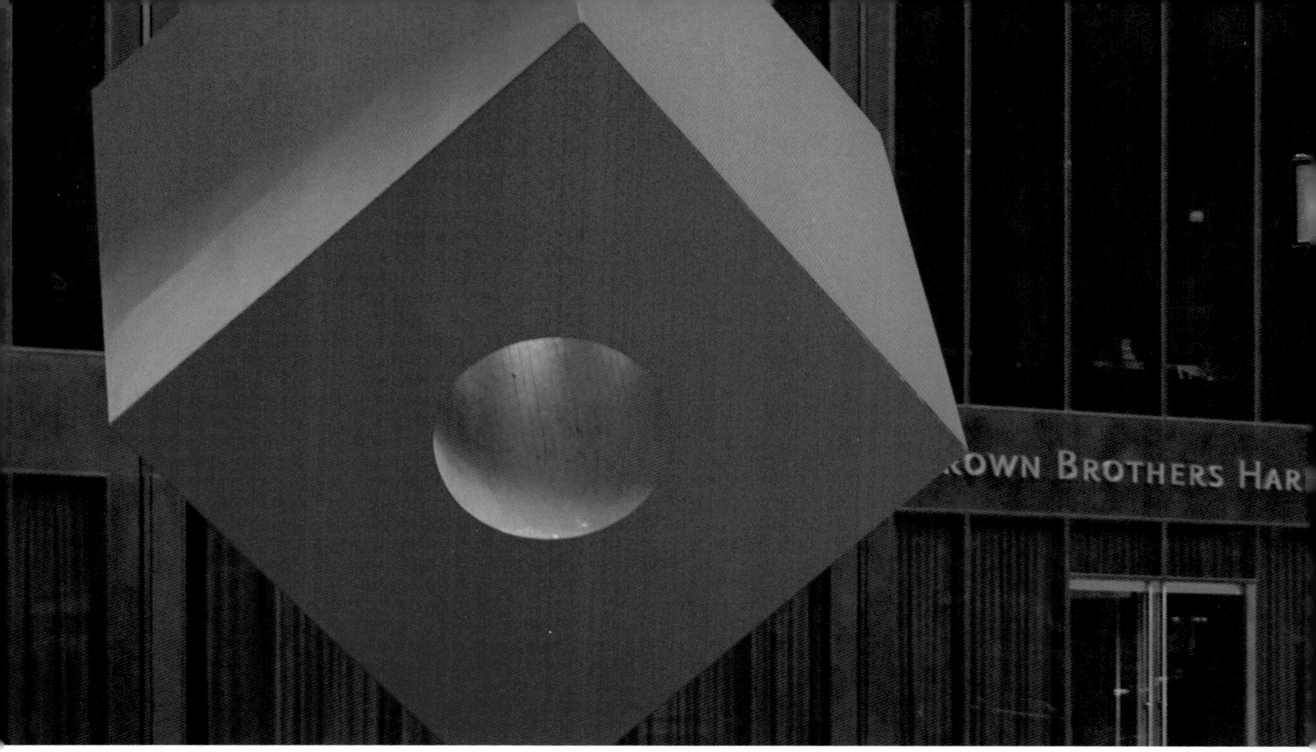

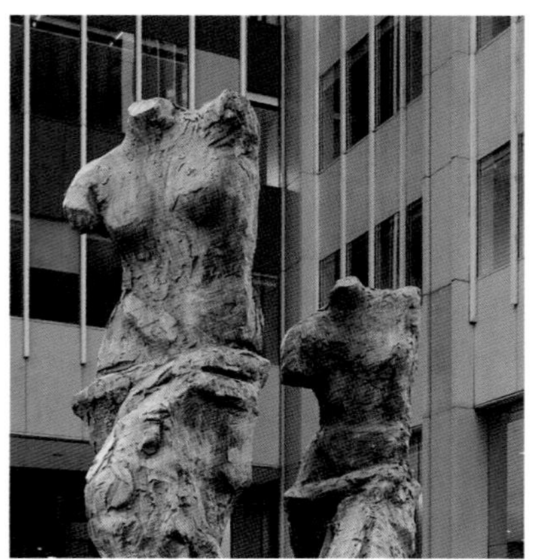

图 3-2	图 3-3
图 3-4	图 3-5

图3-2 希薇特半身像，卡尔·内斯哈创作
图3-3 四棵树，让·杜布菲创作
图3-4 明信片纪念碑，园野雅之创作
图3-5 望向大道，吉姆·迪恩创作

图3-1 红色立方体

红立方风格极简又颇具东方意蕴，色彩和构图打破了环境的视觉平衡，却又透过洞口的“框景”保持了与建筑的关联性。

艺术介入纽约城市更新的方式是多种多样的，无论是早期的立体主义、构成派，或是极简主义、波普风，每一种艺术思潮都为城市更新设计提供了最直接、最丰富的艺术思想和形式语言。丹·凯利（*Dan Kiley*）、彼得·沃克（*Peter Walker*）、玛莎·施瓦茨（*Martha Schwartz*）等设计师也从现代艺术中吸取了丰富的形式语言。不仅设计师主观或客观运用艺术规律塑造了城市形态，艺术家也通过大量作品传达时代主题和精神状态，纽约随处可见公共艺术品对城市更新产生的深远影响。

艺术家更为推崇以适当的规模、合理的尺度渐进式地改造城市既有面貌，因此被称为城市的“微更新”。艺术微更新的形式包括艺术设施建设、艺术活动举办，也包括结合艺术产业发展的城市更新。野口勇（*Isamu Noguchi*）、卡尔·内斯哈（*Carl Nesjar*）和让·杜布菲（*Jean Dubuffet*）是艺术家涉足城市微更新领域的先驱者，他们的作品新奇大胆、充满想象，与刻板的现代主义建筑风格形成鲜明对比（图3-1至图3-5）。

1968年，野口勇设计的“红色立方体”以一种失衡的状态立于布朗兄弟哈里曼银行大楼门前，这座雕塑仅以一个支点着地，倾斜的线条激发了场地活力。他在华尔街的另一处作品——下沉庭园周围有一座名为“四棵树”的雕塑，造型简约质朴，如行云流水。法国艺术家让·杜布菲以一种更为真实、富有野性意味的形式语言，呼唤城市回归原生艺术的乐趣。贝聿铭的建筑也常常被认为具有雕塑般的美感，他邀请挪威雕塑家卡尔·内斯哈将毕加索的画作《希薇特半身像》放大为36英尺高、重60吨的水泥雕像，将整个纽约大学中心广场融合进了立体派的风格之中。

在纽约，真正确立以艺术为主导的城市微更新体系是以1980年代早期《百分比艺术计划》（*Percent for Art*）为标志。该计划由城市文化事务部管理，要求市政府建筑工程项目必须将预算的百分之一用于公共艺术品。该计划自1982年启动以来，已经完成了300多个项目，正在进行中的项目将近90个。这一强调以艺术元素推动城市微更新的发展模式从1990年代开始对美国其他城市产生影响，此后，洛杉矶、迈阿密等城市也相继制定了自己的艺术更新策略。

在全球化进程带来制造业向发展中国家转移的背景下，纽约面临着经济的结构性调整，导致城市出现了严重的空心化现象。为了增加城市吸引力，对建筑表面涂鸦成为快速见效的方式之一。涂鸦艺术家将设计创意和流行文化相结合，创造出令人耳目一新的街头艺术，成为新的文艺地标（图3-6至图3-11）。2020年新冠疫情席卷全球，特里斯坦·伊顿（*Tristan Eaton*）创作的《纽约医护英雄》更是传递了携手抗疫的坚定信心（图3-12）。

图3-12 纽约医护英雄

2020年5月，由洛杉矶艺术家特里斯坦·伊顿为蒙蒂菲奥里医院（*Montefiore*）创作的名为“现在和永远——向所有勇敢的医护人员致敬”艺术涂鸦出现在第8大道与第34街的交会处。这件作品将细致的视觉图像与独特的个人风格相拼贴，成为一件标志性的艺术品。

图 3-6	图 3-7	图 3-8
图 3-9	图 3-10	图 3-11

图3-6 迈克尔·杰克逊画像，爱德华多·科布拉创作
图3-7 科比与吉安娜画像，马克·保罗·德伦创作
图3-8 双重交叉，迪恩·斯托克顿创作
图3-9 爱之破坏者，尼克·沃克创作
图3-10 罗马咖啡馆，特里斯坦·伊顿创作
图3-11 马拉多纳画像，BK·福克斯创作

In honor of all
the brave nurses.
Now and forever.
Montefiore thanks you for healing New York.
Montefiore | EINSTEIN
LAMAR

WTC
LYNNIE YUN
Church

3.2 逆流的音符

绘画作为人类有意识的信息传达，是有效介入城市更新的艺术形式之一。它经历了由简单到复杂、从低级向高级的发展过程，被普遍认为是人类艺术重要的起点。绘画的早期表现形式是洞穴壁画。1966年，法国考古学家在清理封德哥姆洞穴（*Font de Guame Cave*）时，偶然发现了绘有五只野牛的带状壁画，这些壁画线条粗犷、姿态生动，时间可追溯至约1.7万年前的马格达林时期。这一发现并非偶然，目前已经在世界上70多个国家都发现了洞穴壁画。

从时间上看，除了法国封德哥姆洞穴，还有拉斯科洞穴（约1.5万年前）、西班牙阿尔塔米拉洞穴（约1.7万年前）以及印尼苏拉威西岛洞穴（约4万年前）。2008年牛津大学《考古学家》杂志发表文章，证实了南非布隆伯斯洞穴（*Blombos Cave*）出土、绘有9条红色线条的石块是人类历史上最早的抽象画作，距今约7.3万年前。这些发现表明早期人类在沃姆冰期（*Wurm Glaciation Ice Age*）就已经开始了简单的绘画创作活动。

据考古学家分析，早期史前人类壁画不仅包含了语言、符号、计数、记忆以及巫术活动等复杂信息，还具有极高的绘画艺术技巧。这些壁画不仅对于动物的轮廓造型准确生动，色彩技术也有所体现：通过油脂混合色彩矿石、炭灰调制成颜料，再用贝壳保存。绘画时先使用芦苇笔涂刷在打磨后的岩壁上，然后多次叠加或喷涂使得画面更具立体感。

在历史的长河中，这些史前绘画留给人们的印象已经逐渐淡去了。城市的出现意味着人类文明秩序的建立以及原生态的相对隔离。光洁的器具、几何的建筑和一尘不染的街道……现代人已经习惯存在于标准化的容器中。如果说城市面貌的趋同是文明发展的主旋律，那么驻足街头似乎总能听到一种另类的音符。这些带有原生态和无法用标准化定义的视觉形态便是现代壁画艺术——“涂鸦（*Graffiti*）”。它与我们所熟知的大众流行文化一起，构成了城市的血脉和经络（图3-13）。

图3-13 世贸中心壁画

从圣托马斯教堂望向世贸中心，一处位于奥克莱斯交通站附近的壁画广场（*Mural Project nearby The Oculus*）分外醒目。

事实上“*Graffiti*”是“*Graffito*”的复数形式，从词源上说“*Graffito*”一词可追溯到意大利语“*Graffita*”，用来描述在墙上胡乱涂写。1960年代，一群生活在纽约布朗克斯贫困街区的孩子们开始通过粉笔在街头、地铁站、车厢内以及广告招贴板涂抹，消遣娱乐。对于他们而言这些地方是最为廉价、随心所欲的画布。

早期的涂鸦以表现文字为主，色彩单一、不求美观。常见元素为字母、烟缕甚至帮派符号，其中毫不掩饰地宣泄情绪。这种歇斯底里又毫无意义的字符似乎没有任何存在的价值，自然无法被文明社会所容纳。它们就像是肮脏、糟粕、恶臭的污水在文明中逆流。那一时期整个布朗克斯街区被媒体人讽刺为“原始部落”，被隔离在城市中高楼林立的高墙之外。

如果涂鸦是糟糕的产物，那么糟糕的未必是涂鸦而是这个时代。1960年代的美国处于社会的变革时期，城市化的高速发展增加了巨大的财富，却也进一步加剧了贫富差距。生活在次文化边缘的底层人民逐渐“失语”。一方面长期的贫穷生活使得黑人青少年迷恋金钱，渴望为有色人种争取更多权利；另一方面，由于社会压抑的临界又激发出本能的创造力，于是一套与精英工商阶层截然不同的话语体系孕育而生。涂鸦与街舞、街球、滑板、饶舌音乐等草根艺术载体一起成为“刺耳”的城市音符。

涂鸦又像是一面镜子，清晰地倒映了底层黑人理想与现实的巨大落差：王冠字符之于话语权缺失；醒目方框与现实中的忽视；艳丽色彩对比黑色肌肤；正被各种装饰环绕着的英雄却是生活中的小人物等等。然而这种自下而上建立起来的话语体系也是碎片化的，这种碎片化被诺曼·梅勒（*Norman Mailer*）解释为社会自由的无秩序，表明一种与主流反向的支流寻求自我定位的过程需要经历一个无序的阶段。

此后，历经50余年的黑人民权运动使美国的社会结构不断调整，黑人开始在流行音乐、竞技体育、影视表演和纯艺术等领域获得越来越多的话语权。因此涂鸦这个曾经躁动刺耳的音符，也仿佛一个归来的叛逆少年渐与时代的旋律共鸣。2018年纽约世贸地区云集了一批当代设计大师进行创作，新世贸中心1号楼、国家“9·11”纪念广场与博物馆、奥克莱斯车站相继建成，涂鸦艺术家也参与其中（图3-14）。文字性削弱、美学性的上升以及学院派艺术家的融入意味着涂鸦开始嬗变为一个真正的艺术分支。

在涂鸦者眼中墙不过随处可见的廉价画布，但从环境设计学角度看，墙体作为涂鸦主要的传播介质，其实质是划分空间的手段，并不是环境设计的视觉中心。然而，随着涂鸦墙审美功能的上升却造成了城市环境视觉中心的偏移。城市设计者开始意识到墙不仅是空间划分的手段，还可以作为场地关系的协调者与控制者，对于空间形式的生成具有重要的美学意义。

寻找每一处场地的独特性正是涂鸦艺术者寻觅的目标，也正是环境设计学形式逻辑的发起点。从这个意义上说，涂鸦是艺术以垂直界面的方式介入城市更新的一种手段，它所产生不可预见的情节与环境设计中通过层层叠嶂最终豁然开朗的空间布局并没有本质不同，都是借助遮蔽物制造出巨大的视觉反差。涂鸦艺术家通过巨幅的画面比例、生动的细节刻画，设计了一个个精妙的视觉“陷阱”。人们不知道何时何地会突然深陷其中，暂时从现实世界中抽离出来。

图3-14 壁画广场

“9·11”恐怖袭击事件之后，纽约世贸地区进行了再生设计。2012年彼得·沃克（*Peter Walker*）设计的国家“9·11”纪念广场对外开放；2014年底，1776英尺的新世贸大厦1号楼顺利竣工，由西班牙建筑师圣地亚哥·卡拉特拉瓦（*Santiago Calatrava*）设计的奥克莱斯车站投入运行。2018年，由众多涂鸦艺术家共同创作的涂鸦壁画也出现在这里。

<table>
<tr><td>图 3-15</td><td rowspan="2">图 3-16</td><td>图 3-17</td></tr>
<tr><td>图 3-18</td><td>图 3-19</td></tr>
<tr><td>图 3-20</td><td>图 3-21</td><td>图 3-22</td></tr>
</table>

图3-15 大梦之城，特里斯坦·伊顿创作
图3-16 德诗高服装店，奥田圣米格尔创作
图3-17 甘地与特蕾莎修女，爱德华多·科布拉创作
图3-18 骑行的爱因斯坦，爱德华多·科布拉创作
图3-19 禁枪，爱德华多·科布拉创作
图3-20 “9·11”的勇者，爱德华多·科布拉创作
图3-21 和平，爱德华多·科布拉创作
图3-22 镀金女士，特里斯坦·伊顿创作

官的原因[1]。黑人艺术家塑造出一种不明确的、混淆时空概念的形象，通过身体器官的缺失表达人们对于性别歧视现象的熟视无睹。公众的思考过程是艺术家最为重视的环节，他们希望公众能在开放的语境中给出自己的答案。

与大多数艺术家独立创作不同，澳大利亚雕塑家吉莉和马克·夏特纳夫妇（*Gillie and Marc Schattner*）主张发起全社会广泛参与的平等雕像运动（*Statues for Equality*），实现艺术上的男女平等。他们注意到城市中的女性雕像大部分是虚构的、象征性的或者宗教人物，全世界以历史人物为原型的女性雕像数量不足70座。如果不改变这种雕塑性别失衡现状，则有可能延续性别歧视的意识形态。因此，这项艺术运动的目的是增加有真实身份的女性雕像，希望至2025年在全球范围内实现公共雕塑数量的完全性别平等。2017年，夏特纳夫妇从公众提名中选择了10位当代女性人物制作成首批青铜雕像，在老斯利普32号广场进行展出[2]。

平等雕像运动迈出了艺术公平的第一步，代表了城市空间应具有多样性和社会价值。但这10座雕像中一半是演艺明星，普通阶层妇女获得的报酬仍然较低，获得职位晋升的机会偏少，而她们取得的成就却常常被忽略。公众希望创作者们更广泛地选择不同职业领域的代表，为女性提供更多的职业道路，实现同工同酬以及认可女性成就。女性题材在城市绘画和雕塑中出现的越多，女性空间与城市的联系就越紧密，整个社会的性别观念才能更加平衡。更多人则希望看到亚洲的艺术力量能够接过行动的火炬，出现更多的东方女性面孔。

不仅如此，在高度互联的自媒体时代，女性空间还从现实迈向了虚拟，具有难以估量的网络传播影响力。人们拍照记录并通过社交媒体平台分享这些照片，从而成为性别平等运动的推动者。媒体在全球范围内的报道一个月内访问量就超过2.5亿人次，其网络影响人数已经远远超过了实地参观者。人们为城市艺术中出现越来越多的女性形象而欢呼，民意导向又助推了政令措施的出台。2018年旧金山市通过一项法令，规定城市的新艺术品中至少有30%的比例展现真实的女性形象；2019年8月26日，纽约市正式设立妇女平等日。

纽约市性别平等委员会与公共设计委员会适时启动了“女性设计的纽约市（*Women-Designed NYC*）”计划，旨在表彰那些具有开创性的女性设计师，激励着年轻女性进入公共设计领域，同时也为这座城市的发展提供持续动力。2020年8月，“女性权利先驱纪念碑”在中央公园揭幕，以纪念美国宪法第19次修正案（1920年）批准女性选举权一百周年。青铜雕像描绘了三位杰出的女性权益倡导者：苏珊·安东尼（*Susan B. Anthony*）、伊丽莎白·卡迪·斯坦顿（*Elizabeth Cady Stanton*）和索杰纳·特鲁斯（*Sojourner Truth*）。未来将有包括鲁斯·巴德·金斯伯格（*Ruth Bader Ginsburg*）在内的更多女性雕像出现在公共视野中，纽约城市更新也必将随着女性视角的艺术创造力呈现出日趋平等的价值取向。

[1] 肯尼亚艺术家瓦格希·穆图2019年创作的坐式人像雕塑放置在大都会艺术博物馆立面的四个壁龛中。穆图采用女像柱（*Caryatid*）的形式，刻画出佩戴串珠，颅骨伸长，身体镶嵌有抛光镜和唇板的非洲女性形象，反映了种族和性别不平等现象。

[2] 首批平等雕像10位人物分别为：美国脱口秀主持人奥普拉·温弗瑞（*Oprah Winfrey*）、歌手平克（*Pink*）、作家珍妮特·莫克（*Janet Mock*）、谢丽尔·斯特雷伊德（*Cheryl Strayed*）、宇航员特蕾西·戴森（*Tracy Dyson*）、艺术体操运动员加比·道格拉斯（*Gabby Douglas*）；澳大利亚女演员妮可·基德曼（*Nicole Kidman*）、凯特·布兰切特（*Cate Blanchett*）；英国灵长类动物学家简·古道尔（*Jane Goodall*）以及津巴布韦教育家特雷莱·特伦特博士（*Tererai Trent*）。

从雕像到空间，从现实到虚拟，从民间到官方——女性空间的内涵不断延展，折射出艺术手段主导下城市更新形式的多样性。这些艺术形式调和了城市发展中的不平衡，成为纽约多元化城市格局形成的内在动力。如今城市中的女性空间成为不同年龄、种族、宗教或文化的载体，一个受到女性欢迎的城市空间也将使每个人都感到安全和舒适（图3-24至图3-29）。

除了声援女权运动，雕塑家还以思考者的视角广泛参与社会变革，引领文化思潮和艺术品位，润物细无声地融入城市更新设计。19世纪中叶的浪漫主义、维多利亚风格，20世纪的现代主义、极简主义、大地艺术，雕塑始终深刻地影响着美国城市更新中的形式逻辑。而无论是以城市垂直界面形式出现的涂鸦绘画，还是通过雕塑语言建构的女性空间，艺术都是将人类情感、智慧、理想与城市形态相联系的纽带，也是保持城市特色、延续城市历史文化不可或缺的关键性因素。

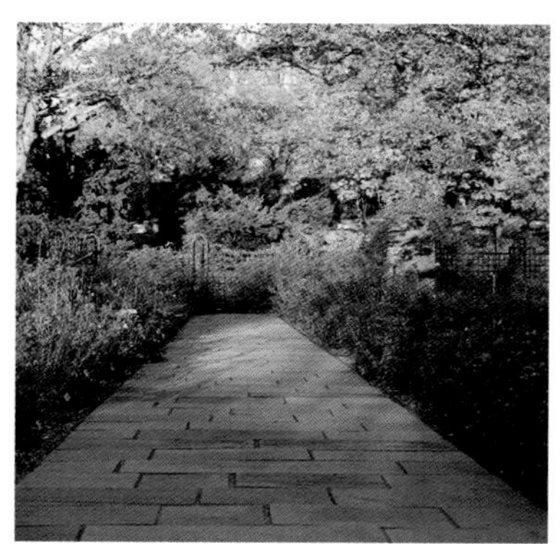

图 3-24	图 3-25	图 3-26
图 3-27	图 3-28	图 3-29

图3-24 女权先锋纪念碑
图3-25 埃莉诺·罗斯福纪念像
图3-26 中央公园女士亭
图3-27 WNYC发射器公园涂鸦
图3-28 罗斯福四大自由公园
图3-29 佩吉·洛克菲勒玫瑰园

3.4 让艺术流行起来

纽约被称为世界艺术之都，是美国舞蹈、绘画、时尚、文学、戏剧等文艺运动中心。1920年代的哈莱姆文艺复兴（*Harlem Renaissance*）、1940年代的爵士乐、1950年代的抽象表现主义和1970年代的嘻哈文化都发源于纽约。全市约有2000个文艺组织，文化事务署的艺术资助预算甚至超过了美国艺术基金会的总预算。艺术之于纽约"如同天气的一部分在空中飞扬"[1]，那么艺术之火又是从何时开始点燃、照亮城市的呢？

作为美国最流行的艺术家之一，基思·哈宁（*Keith Haring*）中学时期已经展现出对绘画的狂热兴趣。在一次参观华盛顿赫什霍恩博物馆的旅行中，波普艺术家安迪·沃霍尔（*Andy Warhol*）令他印象深刻。沃霍尔重复排列了几组梦露头像，传达了现代社会的单调、疏离与迷惘；汤姆·奥登斯（*Tom Otterness*）既轻松欢快又深入刻画故事黑暗面的创作手法也令哈宁许久难忘，于是他开始了绘画艺术的求学之路。

和哈宁一样，许多艺术家童年时期游览艺术博物馆的经历成为艺术史不可忽视的现象。而纽约被称为艺术家的殿堂，也与其存在数量惊人的博物馆密不可分（表3-2）。仅沿着第五大道就有二十座大大小小的博物馆，其中不乏

[1] 作家汤姆·沃尔夫（*Tom Wolfe*）在描述纽约时说："文化似乎像天气的一部分一样在空中飞扬（*Culture just seems to be in the air, like part of the weather*）。"

纽约市主要艺术博物馆　　表3-2

序号	名称	序号	名称	序号	名称
01	国家学院博物馆和学校	18	艺术与设计博物馆	35	切尔西艺术博物馆
02	大都会艺术博物馆	19	美国民间艺术博物馆	36	融合艺术博物馆
03	布鲁克林博物馆	20	联合国艺术收藏馆	37	野口勇博物馆
04	库珀·休伊特博物馆	21	纽约演艺公共图书馆	38	儿童艺术博物馆
05	美国艺术暨文学学会	22	华美协进社中国美术馆	39	移动影像博物馆
06	日本协会画廊	23	哈莱姆画室博物馆	40	达西斯艺术博物馆
07	佛里克收藏馆	24	服装技术学院博物馆	41	纽约国际版画中心
08	乔治·海耶中心	25	拉丁裔博物馆	42	摩天大楼博物馆
09	纽约市博物馆	26	现代艺术博物馆PS1	43	圣经艺术博物馆
10	摩根图书馆与博物馆	27	布朗克斯艺术博物馆	44	斯堪的纳维亚博物馆
11	福布斯画廊	28	皇后区博物馆	45	动漫艺术博物馆
12	现代艺术博物馆	29	曼哈顿儿童博物馆	46	纽约新艺廊
13	罗维奇博物馆	30	亚裔美国人艺术中心	47	亚洲协会美术馆
14	修道院博物馆	31	国际摄影中心	48	鲁宾艺术博物馆
15	惠特尼美国艺术博物馆	32	乌克兰博物馆	49	视错觉博物馆
16	古根海姆博物馆	33	新当代艺术博物馆		
17	原始艺术博物馆	34	绘画中心		

图3-30 大都会艺术博物馆

建于1870年，由理查德·莫里斯·亨特（*Richard Morris Hunt*）设计，是典型的布杂艺术风格建筑。主馆位于第五大道中央公园旁，另有布劳尔分馆和修道院分馆。自开放以来，展现了跨越各个文化和时代的艺术藏品，是世界上最大的、参观人数最多的艺术博物馆之一。

ÉLIX
OTTON
AINTER
DISQUIET

图3-31 布鲁克林博物馆

建于1895年，由麦金、米德和怀特建筑事务所（*McKim, Mead & White*）设计，该博物馆主要展出17至20世纪的绘画、雕塑和装饰艺术，并以其广泛的埃及和非洲艺术收藏而闻名于世。

大都会艺术博物馆、布鲁克林博物馆、现代艺术博物馆这样世界级的艺术殿堂。两次世界大战期间，美国得益于地缘优势吸纳了欧洲的艺术精华，世界文化艺术的中心也开始由巴黎转向纽约。随着战后经济的迅速发展，人们对于艺术品的消费需求不断提升，因此画廊、艺术馆和博物馆在纽约随处可见，出现了艺术的繁荣景象（图3-30至图3-35）。

对于艺术家这个敏感的群体而言，感知觉醒是艺术的燧石。童年的记忆或许只是一些斑斓的色块，但是，当孩子们的眼中闪过塞尚（*Paul Cézanne*）、莫奈（*Claude Monet*）、梵高（*Vincent van Gogh*）、马蒂斯（*Henri Matisse*）、毕加索（*Pablo Picasso*）……那些影响至今的欧洲艺术家名字时，艺术的火炬就传递到了他们手中。安·兰迪（*Ann Landi*）研究整理了十几位当代艺术家的童年艺术经历，这些活跃在美国各领域的艺术家们大多有着相似的艺术启蒙（表3-3）。

<table>
<tr><td colspan="2">图 3-32</td><td rowspan="2">图 3-35</td></tr>
<tr><td>图 3-33</td><td>图 3-34</td></tr>
</table>

图3-32 摩根图书馆与博物馆，建于1906年
图3-33 上层书架上有西登斯·莫布雷绘制的月形和拱肩装饰
图3-34 馆内最重要的藏品是3本《古登堡圣经》
图3-35 释迦牟尼铜像，藏于鲁宾艺术博物馆

部分美国当代艺术家的童年艺术经历（安·兰迪）[1] **表3-3**

作者	作品	博物馆	所在地	美国艺术家	艺术成就	产生影响
梵高	梵高印刷品	—	寓所	彼得·雷吉纳托（1945-）	抽象雕塑家	大巧若拙、卡通式的形式纹理中蕴藏古典秩序的创作手法
	梵高印刷品	—	寓所	汤姆·奥登斯（1952-）	雕塑家	童话叙事创作手法
	《怒放的杏树》	当代艺术画廊	华盛顿	黛博拉·布朗（1955-）	油画家	鲜明的蓝色，概括的笔触
	父亲带回的梵高版画	—	寓所	凯文·加侬（1979-）	漫画家 插画家	幽默的全年龄图形小说风格
塞尚	《沐浴者》	现代艺术博物馆	纽约	帕特·斯特尔（1938-）	版画家	发展了观念艺术和极简主义
佚名	风俗画	—	寓所	菲利斯·布拉姆森（1941-）	艺术家	富有装饰性、边缘化的颓废风格
毕加索	《母山羊》	现代艺术博物馆	纽约	科拉·科恩（1943-）	抽象画家	延续了美国抽象主义的传统
佚名	历史展厅展示装置	布鲁克林博物馆	纽约	伊莱恩·雷切克（1943-）	视觉艺术家	探索了工艺与艺术、文本与图像相互作用等问题
佚名	《新英格兰廊桥》	理发廊	洛杉矶	大卫·金博尔·安德森（1946-）	雕塑家	采用将物体与情绪记忆相连接的艺术手法
舒尔茨	《花生漫画》系列	—	寓所	黛博拉·卡斯（1952-）	艺术家	探索了流行文化、艺术史和自我建构的交汇点
德加	《十四岁的小舞女》	乔斯林艺术博物馆	奥马哈	佩塔赫·科恩（1953-）	雕塑家 摄影师	使用有机材料铸成大型雕塑
德格拉·奇亚	《印第安孩童》	—	寓所	布拉德·卡尔哈默（1956-）	艺术家	跨雕塑、绘画、表演和音乐领域的多媒体艺术实践
博伊斯	博伊斯演讲	曼海姆美术馆	德国曼海姆	奥利弗·赫林（1964-）	实验艺术家	参与式表演的艺术实验
维登	《末日审判》	博纳某医院	法国勃艮第	艾伦·哈维（1967-）	概念艺术家	以绘画为基础的装置艺术实验
波提切利	《春天》	乌菲兹美术馆	意大利佛罗伦萨			
	《维纳斯诞生》					
劳伦斯	《迁移系列》	下城画廊	曼哈顿	汉克·威利斯·托马斯（1976-）	概念艺术家	发展了动态立体主义风格
劳森伯格	《结合》	当代艺术博物馆	洛杉矶	奥利·格纳（1979-）	雕塑家	结合各种材质创作大型装置
佚名	版画、动物标本	—	托儿所、曾祖父家	杰奎琳·麦贝恩（1980-）	艺术家	对自然世界的敏锐观察力

[1] 根据安·兰迪发布于共同艺术网站艺术新闻栏目《使艺术家成为艺术家的艺术影响力》（*Ann Landi. The Artistic Influences that Made Artists Artists. ART news, Mutual Art. May 27, 2014*）一文综合整理而成。

童年时期眼中的艺术品更像是文明坐标，标注了人类创造力存在的高度。虽然对年幼艺术家而言，名作云集的博物馆只是一堂短暂而令人兴奋的速成课，但那些存在于早期潜意识中的视觉形式仍然是成年后想要不断尝试的母题。安·兰迪发现，许多艺术家在成长过程中都被挂在家中的梵高包围着，其中就包括哈宁的艺术启蒙者汤姆·奥登斯。或许对于初学者来说，梵高是最容易被理解和模仿的，因为他的作品具有大胆的色彩运用和漫画的元素，而漫画母题正是绘画艺术流行的前奏。

1860年代末，日本通过明治维新打开对外开放之门，与歌舞伎、相扑并称为江户三绝之一的"浮世绘"版画大量传入欧洲。此时的荷兰画家梵高正处于早期风格的形成阶段，几乎没有鲜明的色彩。1886年，移居法国后的梵高逐渐汲取了葛饰北斋、歌川广重、溪斋英泉等艺术家们版画作品中的东方美学，色调越来越鲜亮。对比葛饰北斋的《神奈川冲浪里》与梵高的《星夜》，可以清晰地寻找到两者共通的浮世绘元素——不追求透视的图案化构图、涌动的平涂线条以及笔触分明的鲜明色彩。处于风格成熟期的梵高笔法更具有戏剧性、冲动性和表现力，色彩更加大胆。随着他的绘画元素逐渐融入野兽主义和表现主义风格，梵高的声誉在20世纪初开始不断增长，奠定了现代艺术的基础[1]。由浮世绘风格演化而来的装饰性表现手法也被认为是现代主义绘画中漫画母题的重要原型之一。

第二次世界大战结束后美国经历了前所未有的经济增长期，电影、电视、广告和漫画等大众文化商品开始批量生产，对传统艺术提出了挑战。正是在这种日益增长的消费主义气氛中，新一代艺术家开始在英国和美国崭露头角。他们试图模糊艺术和生活之间的界限，将物体、图像甚至是文字组合在一起以产生新的意义。他们在周围的环境中寻找灵感，有时甚至直接融入了日常用品。这种艺术思潮被称为"波普艺术（*Pop Art*）"。

将漫画母题正式带入波普艺术视野的，是同样有着博物馆游览经历的纽约艺术家罗伊·利希滕斯坦（*Roy Lichtenstein*）。出生于曼哈顿的利希滕斯坦自幼喜爱艺术，在法国服军役期间，常去卢浮宫和沙特尔大教堂欣赏艺术品。对于生活在大都市的利希滕斯坦而言，艺术就应该表现生活，而日常琐事就是他的生活，无须批判，也不必颂扬。利希滕斯坦发现儿子对米老鼠动画形象非常热爱，于是开始以漫画为母题进行创作。

这一时期，安迪·沃霍尔（*Andy Warhol*）、贾斯珀·约翰斯（*Jasper Johns*）和詹姆斯·罗森奎斯特（*James Rosenquist*）等人几乎在同时有了借用漫画题材的想法。利希滕斯坦的区别在于他丝毫不考虑艺术创作过程中的情感因素，只专注于机械地复制漫画的印刷过程[2]。利希滕斯坦笔下的艺术品与商业复制品没有界线，创作方式几乎人人可以操作。他将高雅艺术通俗化，让不同教育程度的人都可以理解艺术。对此，《纽约时报》曾毫不客气地批评他为美国最差劲的画家，但利希滕斯坦似乎并不介意，因为这一切正是波普艺术家们的口号："让艺术流行起来！"

[1] 虽然梵高开创了一种西方艺术中不常见的表现手法，却一生低落，被认为是不得志的天才存在于公众想象中。在梵高一生创作的包括860幅风景、静物、肖像和自画像在内的约2100幅艺术品中，其中大部分是他生命的最后两年内完成的。这幅《星夜》是梵高于1889年6月在圣雷米精神病院绘制的。

[2]《溺水女孩》由罗伊·利希滕斯坦（1923-1997年）于1963年创作。采用油画颜料和合成聚合物绘于画布上。原作尺寸为：171.6厘米×169.5厘米。这幅作品源自DC漫画《为爱奔跑！》（秘密之爱第83回，1962年）。在原图中，溺水女孩的男友出现在背景中，紧贴到一艘倾覆的船上。利希滕斯坦裁剪了图像，调整了多处细节：移开了船和男友，使女孩独自出现并居中，头部被水涡旋绕；将对话框中第一行的"我不在乎我是否抽筋！"变为更加模棱两可的"我不在乎！"；在第二行中将男朋友的名字从"*Mal*"改为"*Brad*"。

事实上波普艺术家们做到了这一点，艺术开始真正地流行起来了。不仅街头涂鸦艺术开始流行采用漫画母题，艺术博物馆也很快意识到，收藏、保护、研究并展示跨时代的文明成果固然重要，提供教育指导，使人类与创造力、知识和思想相联系才能从根本上影响这个世界。到目前为止，大都会博物馆年度参观者已经超过600万人次，而作为第一个专为收集现代艺术品而开设的现代艺术博物馆一年访客人数也达到了250万人。

凭借着130座博物馆、700多座艺术馆，纽约孕育出一代又一代艺术新秀和具有多元文化鉴赏力和包容度的普通民众（图3-36至图3-40、表3-4）。其结果是城市以一种自我革新的气度迎接新事物——布朗克斯街区的涂鸦可以不被抹去、铜牛得以立足、无畏女孩敢于直面证交所巍然耸立的高楼。许多更为大胆前卫的公共艺术作品才得以涌现在城市之中，与建筑、景观共同编织成纽约独特的形式界面。

图3-40 现代艺术博物馆

建于1929年，主要展示19世纪以来重要的现当代艺术作品。该馆曾三度移址，建筑由菲利浦·葛文和爱德华·斯顿设计，中庭景观由锡安·布雷恩与理查森联合事务所设计。1997年，日本建筑师谷口吉生将其扩建为新馆。整个场馆采用典型的现代主义设计风格，整体建筑以水平与垂直线条进行分割，大面积的玻璃使内外视线畅通。

图 3-36		图 3-39
图 3-37	图 3-38	

图3-36 近距离接触《星夜》
图3-37 艺术爱好者驻足欣赏
图3-38 艺术品前方不设护栏
图3-39 开放包容的参观氛围

欧美艺术运动与纽约艺术博物馆关系表

美国独立
(1776年)

年代	-1699年	1700-1749年	1750-1799年	1800-1849年

欧美艺术运动

新古典主义
(18世纪中叶至19世纪初)

约翰·佐法尼
(1733-1810年)
雅克·路易·大卫
(1748-1825年)
安东尼奥·卡诺瓦
(1757-1822年)

浪漫主义
(18世纪末至19世纪中叶)

卡斯珀·弗里德里希
(1774-1840年)
菲利普·奥托·朗格
(1777-1810年)
欧仁·德
(1798-1

巴洛克式
(17世纪初至18世纪初)

彼得·鲁本斯
(1577-1640年)

印象
(19世

卡米尔·毕沙罗
(1830-1903年)
爱德华·马奈
(1832-1883年)
埃德加·
(1834-19

洛可可式
(18世纪初至中叶)

让·安托万·沃托
(1684-1721年)
弗朗索瓦·布歇
(1703-1770年)

大英博物馆
(1753年成立)
埃尔米塔日博物馆
(1764年成立)
卢浮宫博物馆
(1793年成立)

纽约艺术博物馆

注：两次世界大战以来，西方艺术中心由欧洲转向美国，博物馆是这一转变过程中的重要载体，仅纽约市就成立有130座博物馆、700座艺术馆。对于专业教育而言，艺术馆如同一扇旋转门，一方面输入世界艺术品精华，另一方面

表3-4

家学院博物馆 学校 825年成立） 都会艺术博物馆 870年成立） 鲁克林博物馆 895年成立） 白·休伊特博物馆 896年成立） 国艺术暨文学学会 898年成立） 计：5座	日本协会画廊 （1907年成立） 弗里克收藏馆 （1913年成立） 乔治·古斯塔夫 海耶中心 （1922 年成立） 纽约市博物馆 （1923年） 摩根图书馆与 博物馆 （1924年成立） 福布斯画廊 （1925-2014年） 现代艺术博物馆 （1929年成立） 罗维奇博物馆 （1929年成立） 修道院博物馆 （1930年成立） 惠特尼美国艺术 博物馆 （1931年成立） 古根海姆美术馆 （1937年成立） 共计：11座	原始艺术博物馆 （1954-1976年） 艺术与设计博物馆 （1956年成立） 美国民间艺术 博物馆 （1961年成立） 联合国艺术收藏馆 （1964年成立） 纽约表演艺术公共 图书馆 （1965年成立） 华美协进社 中国美术馆 （1966年成立） 哈莱姆画室博物馆 （1968年成立） 时装技术学院 博物馆 （1969年成立） 拉丁裔博物馆 （1969年成立） 现代艺术博物馆PS1 （1971年成立） 布朗克斯艺术 博物馆 （1971年成立） 皇后区博物馆 （1972年成立） 曼哈顿儿童博物馆 （1973年成立）	国际摄影中心 （1974年成立） 亚裔美国人艺术 中心 （1974年成立） 乌克兰博物馆 （1976年成立） 新当代艺术博物馆 （1977年成立） 绘画中心 （1977年成立） 切尔西艺术博物馆 （1978年成立） 融合艺术博物馆 （1984年成立） 野口勇博物馆 （1985年成立） 儿童艺术博物馆 （1988年成立） 移动影像博物馆 （1988年成立） 纽约国际版画中心 （1995年成立） 达西斯艺术博物馆 （1995年成立） 摩天大楼博物馆 （1996年成立） 圣经艺术博物馆 （1997-2015年） 共计：27座	斯堪的纳维亚 博物馆 （2000年成立） 动漫艺术博物馆 （2001年成立） 亚洲协会美术馆 （2001年成立） 纽约新艺廊 （2001年成立） 鲁宾艺术博物馆 （2004年成立） 视错觉博物馆 （2005年成立） 共计：6座

页）又输出大量专业人才。图中可以看到美国艺术馆与艺术家增加数量成正比（加注“*”表示为美国艺术家）。而对于非艺术领域的公众而言，艺术馆成为主要的美学教育窗口，相比专业院校更具普及意义。

城市伤痕美学

4.1 悲剧的叙事重构

艺术家用创作热情点亮这座城市之时，纽约城市更新中的矛盾也越发凸显。由于历史、灾难、工业化发展等原因，纽约存在大量形形色色的城市弱势空间，这些空间由于专业领域的忽视往往具有鲜明的草根特征被视作城市的伤痕，成为“脏乱差”空间环境的代名词。如何实现城市弱势空间复兴是纽约城市发展过程中需要面对的突出问题。其中，纽约爱尔兰饥荒纪念园（*Irish Hunger Memorial*）以景观叙事的视角为人们展现了城市伤痕的叙事之美。

叙事是人类与生俱来的能力——组织的语言、编排的文字、翻动的图片和吟唱的歌曲都是可以讲述一个故事的。尽管人类早就具备了交流叙事的能力，然而发展为景观叙事学（*Landscape Narratology*）也经历了三个历史阶段。

人类叙事的第一阶段是在印刷术尚未普及之前，人们讲述发生的故事主要依靠记忆的艺术。例如：古希腊哲学家亚里士多德（*Aristotle*）的图像放置术、诗人西蒙尼德斯（*Simonides*）的地点记忆法、古罗马人关联建筑记忆法等。在中世纪，早期基督教会开始采用构图与冥想记忆方法传播教义，神学家托马斯·阿奎那（*St Thomas Aquinas*）、传教士利玛窦（*Matteo Ricci*）等人开始将记忆术与基督教义相结合，成为经院哲学体系里的一个分支。1582年，意大利自然科学家佐丹奴·布鲁诺（*Giordano Bruno*）出版了基于空间几何学的助记符研究专著《记忆术》，用于解释宗教和宇宙的奥秘。但随着16世纪以来的宗教改革运动以及印刷技术的广泛普及，记忆的艺术逐渐走入低谷，最终在17世纪被弗朗西斯·培根（*Francis Bacon*）和勒内·笛卡尔（*René Descartes*）定义为辩证法的一部分吸收到逻辑学课程中。

人类叙事的第二阶段是从哲学叙事发展为文学领域的叙事学研究。“*Narratology*（叙事学）”一词始见于法国结构主义文学理论家茨维坦·托多罗夫（*Tzvetan Todorov*）所著《“十日谈”的语法》，书中尝试从语言、结构两个层次研究文学作品的文学性。2015年，托多罗夫因在叙事学研究中的成就获得国际叙事研究学会韦恩·布斯奖（*The Wayne C. Booth Award*）。自1980年代以来，希利斯·米勒（*J. Hillis Miller*）、詹姆斯·费伦（*James Phelan*）、贾恩·阿尔伯（*Jan Alber*）等人开始寻求由结构主义叙事学到新叙事理论的转向。

此外，基于认知心理学领域的突破，图像化叙事研究也取得了进展。1968年，阿特金森（*Richard C. Atkinson*）和谢弗林（*Richard M. Shiffrin*）建构了多重储存模型，指出人类记忆由感官存储、短期存储和长期存储三个单元组成。1970年代，英国心理学家托尼·博赞（*Tony Buzan*）进一步提出了思维导图（*Mind Map*），证明了图像方式比单纯的文字描述更加接近人思考时的空间性想象，所以被广泛应用于创造性思维过程中。此后，越来越多的学者注意到图像在叙事记忆和动机中的重要作用。

随着图像叙事理论的不断完善与细分，艺术设计领域也开始吸纳叙事学作为重要的理论补充，最终发展为景观叙事学。对于东方的园林体系而言，叙事性一直是古典园林重要的艺术特征，强调运用空间序列体现出“诗画的情趣”，“步步是道场”。在西方景观体系中，罗伯特·文丘里（*Robert Venturi*）首先将符号隐喻的叙事手法融入景观设计。在富兰克林庭院（*Franklin Court*）的设计中，文丘里通过两个方管钢制成的幽灵结构暗示了庭院中已经拆除的历史建筑物，游客可以通过外部轮廓和铺装变化获取相应的历史信息。伯纳德·屈米（*Bernard Tschumi*）的拉维莱特公园（*La Villette Park*）则将电影和文学理论与建筑相结合，通过解构、叠加和交叉组合等文化叙事的方式建立起空间、事件与活动之间的联系，将人们带入一个不受传统建筑关系定义的世界。

华盛顿大学教师简·塞特斯怀特（*Jan Satterthwaite*）在杰克逊街改建方案中，提出引入纪念碑、景观小品等历史要素，在花园和口袋广场设置故事情节，并搭配具有地域文化特征的种植设计以唤起人们的共同记忆，这一手法被称为“叙事景观（*Narrative Landscape*）”。与之相类似的提法还有“景观叙事（*Landscape Narratives*）”“讲故事的空间（*Storytelling Space*）”等。如今，景观叙事学研究跨学科、跨媒介的趋势日益明显，成为设计学科的共有概念。

回顾古希腊图像放置术、地点记忆法到景观叙事概念的提出，人们不断寻求通过重构历史要素来讲述故事的方式，爱尔兰饥荒纪念园的叙事主题也源于历史上的饥荒。自农业诞生以来，周期性发生的饥荒几乎伴随着整个人类文明的进程。从公元前440年的古罗马饥荒到20世纪末，饥荒几乎每年都会发生，只不过各地饥荒的严重程度各不相同。这场被称为爱尔兰“大饥荒”（爱尔兰语：*an Gorta Mór*）的历史事件始于1845年，当时一种叫作“致病疫霉（*Pytophthora Infestans*）”的卵菌在整个爱尔兰迅速传播。在接下来的七年中，马铃薯产量减少了四分之三。由于爱尔兰的农民在很大程度上依赖马铃薯作为食物来源，因此这种疫霉侵扰对爱尔兰人造成了灾难性的影响。

爱尔兰饥荒纪念园位于纽约金融区维西街与北端大道交界，西邻哈德逊河，东邻市中心新世贸大厦1号楼（图4-1）。不同于常见的纪念性景观设计以实体雕像形式展开叙事，纪念园将饥荒中的人物从场所中剥离出来，只还原历史发生的空间，以一种“留白”的构图将游览者引入画卷。全园以第一人称视角呈现出一个面积约0.20公顷的爱尔兰山坡，整体结构采用悬臂式混凝土板，西侧抬高7.6米倚靠在一个巨大的楔形基座上。纪念园的入口设置在基座下方，通过西、南两侧的线形玻璃光带引导人们进入。入口狭窄，进入后空间逐

图4-1 爱尔兰饥荒纪念园

纪念园的建设始于2001年3月，最终于2002年7月16日竣工投入使用。

纪念园中的植物名称

熊果

黑刺李
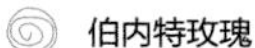
伯内特玫瑰

欧石楠
毛地黄

金雀花

帚石楠
灯心草
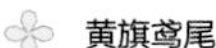
黄旗鸢尾

纪念园中的郡石名称

2	安特里姆	31	克莱尔	22	唐郡	6	凯里	4	利特里姆	20	梅奥	16	罗斯康芒	11	沃特福德
1	阿马	7	科克	23	都柏林	25	基尔代尔	17	利默里克	15	米斯	29	斯莱戈	10	韦斯特米斯
5	卡尔洛	24	德里	21	弗马纳	28	基尔肯尼	14	朗福德	9	莫纳亨	30	蒂珀雷里	13	韦克斯福德
27	卡文	18	多尼戈尔	8	戈尔韦	32	莱伊什	3	劳斯	12	奥法利	26	蒂龙	19	威克洛

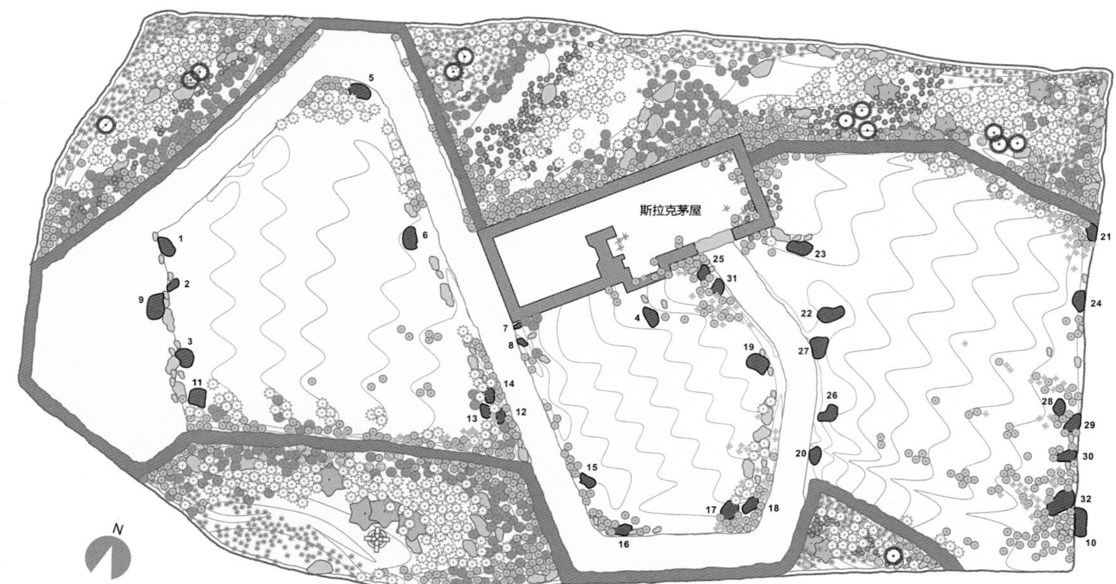

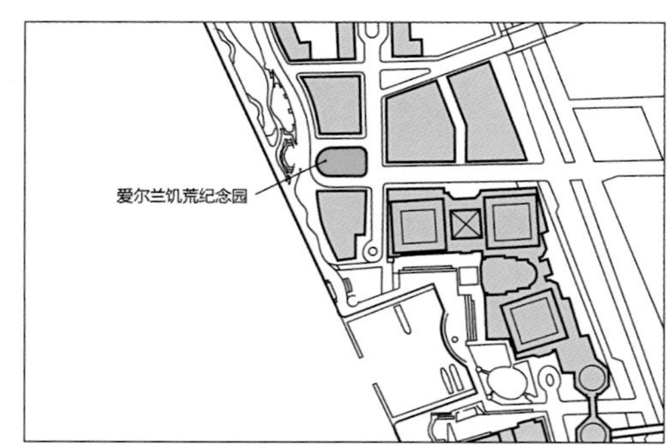

渐放大并向上倾斜，通向全园第一个围合节点。墙体上嵌刻的文字呈放射状与外围呼应，并通过暗藏灯槽强化光线对比。文字记录了这场175年前的悲剧，从天花板上的音频装置中可以听到世界范围内饥饿的声音。

纪念园的中心是一处历史上真实存在的19世纪爱尔兰茅草屋，它原址位于爱尔兰梅奥郡阿蒂马斯教区，由斯拉克家族（*Slack Family*）捐赠，以纪念家族成员移居美国的历史。从茅屋出发，沿着曲折的小径蜿蜒而行，草坡上布满了休耕期的马铃薯犁沟和爱尔兰原生植物。这62种植物包括康诺特沼泽地的野生荨麻、黄旗鸢尾和黑刺李。路径两侧点缀有32块爱尔兰县石，其中最大的是一块古老的郡石，上面刻有早期爱尔兰三藩市十字架（图4-2）。场地周围覆盖着浅绿色基尔肯尼石灰石，矮墙上还镶嵌有海底化石。到达最高点，便可一览泽西城、埃利斯岛和自由女神像。

爱尔兰饥荒纪念园的设计者为纽约雕塑家布莱恩·托勒（*Brian Tolle*），他的设计方案从150份提交作品中脱颖而出，并选择了1100建筑设计事务所的于尔根·里姆（*Juergen Riehm*）、大卫·皮斯库斯卡斯（*David Piscuskas*）以及景观设计师盖尔·威特维尔·莱德（*Gail Wittwer-Laird*）作为方案实施阶段合作者。托勒的设计作品难以被定义，这恰是现代主义之后艺术风格的显著特征——避免同质化。从类型的角度看，它并非是纯粹的建筑或者景观，而更倾向于采用建筑的手法来设计景观；从形式的角度而言，它采用了风景民族主义（*Scenic Nationalism*）叙事风格，将历史事件、集体记忆和民族认同共时地融入现实场地，以人类共同空间的语言阐明了爱尔兰的悲剧。

纪念园采用了尽端回游式的单线性景观叙事结构。首先，从历史文献中收集空间信息，建立了一个0.25英亩的山坡作为叙事背景。这一面积数据引自1847年英国议会通过的格里高利条款（*Gregory Clause*），该法令规定拥有超过该面积的土地所有人无权获得救助。因此，没有屋顶的茅屋隐匿了一段重要史实：许多农民将茅草从房屋上撕扯下来，为了减少面积以获得救济资格。其次，利用游览者视线收放关系建立叙事序列。这一序列呈串联的形式，沿着唯一的路径使空间节点一个接一个地依次展开，正转为：开始段（入口）—引导段（茅屋）—渐强段（上坡道）—高潮段（坡顶），随后进入逆转：渐弱段（下坡道）—回顾段（茅屋）—收尾段（出口）。

最后，将史书引文、爱尔兰诗歌、茅屋、马铃薯犁沟等历史线索空间化。尽管这些历史线索被分隔在不同的位置，但却可以被主观想象力统一为一个完整的故事。游览者跟随观赏路径将这些孤立的线索连接成贯穿的情节，随着空间的起承转合不断调动感官情绪。全园入口部分封闭、视线极度收缩；茅屋处顶界面放开稍显开朗，视线中心由前端转向右侧；随着迂回的坡道视线逐次放开，经过三次转折到达顶部，临水远眺，视线完全释放。折回时顺势而下得以观察更多细节。这一游览体验正是将静态的文字转化为动态空间的过程，也是景观叙事表现手法独特的美学魅力（图4-3）。

图4-2 纪念园平面图

底图来自巴特里公园城管理局爱尔兰饥荒纪念基金会，图中显示了丰富的种植和爱尔兰县石位置。

图4-3 纪念园内景

地处闹市的纪念园仿佛时光遗珠，讲述着爱尔兰族群迁徙的历史往事。

4.2 仪式语言

"Remember that you are an actor in a play, and the Playwright chooses the manner of it: if he wants it short, it is short; if long, it is long. If he wants you to act a poor man you must act the part with all your powers; and so if your part be a cripple or a magistrate or a plain man. For your business is to act the character that is given you and act it well; the choice of the cast is Another's."

——*Epictetus*，*55~135AD*

"我们登上并非我们所选择的舞台，演绎并非我们选择的剧本。"古罗马哲学家爱比克泰德（*Epictetus*）[1]用这段话描述了古希腊悲剧的核心——命运的不可抵抗。没有人希望面临灾难，然而灾难却是无法避免的。地震、海啸、瘟疫、空难……整个人类族群遭受了难以计数的天灾人祸，这些灾难给人类心灵和环境留下一道道伤痕。人们选择纪念这些灾难是因为"烧毁的总会重新立起，这就是纪念的意义"[2]。

纪念不是抽象的行为，而是通常和一些具体的空间联系在一起。哲学家认为纪念的前提无法脱离关注情节的水平轴——"时间"和关注位置的垂直轴——"空间"，时空对应也被康德（*Immanuel Kant*）视为构成人类经验的两个基本类别。在人类研究视野和意义范畴内，纪念首先被限定在人类的"社会行为"这一基本表述之上，但人们对纪念的界说则见仁见智。纪念行为必须由原生事件发生在具体的空间中成为历史，才能通过一定的符号将这些信息转化出来，这些符号可以是文字、图像、雕塑或者其他艺术形式。

某种意义上说纪念行为具有一定的场所性，只有当具体的时间、人物、事件与空间相结合才能成为真正的场所。哲学中的场所概念并不完全与设计学的场所概念相重叠，而更倾向于主观意识上的场所。最早将海德格尔（*Martin Heidegger*）的现象学（*Phenomenology*）和场所理论引入设计领域的学者是挪威建筑理论家诺伯格·舒尔兹（*Christian Norberg-Schulz*）[3]，他在《存在·空间·建筑》一书中提出场所是具有确定特性的空间。空间中任何事物都有自己的场所，所有这些场所在相互合作中创造了一个复杂的综合体，让所有的事件

[1] 爱比克泰德（*55-135*年），*古罗马新斯多噶派哲学家*。

[2] 出自英国作家彼得·阿克罗伊德(*Peter Ackroyd*)*的第一部小说《伦敦大火》(The Great Fire of London)*。

[3] 诺伯格·舒尔兹（1926-2000年），挪威建筑理论家、教育家。著有《建筑意图》《西方建筑的意义》《场所精神：迈向建筑现象学》等12部理论著作，奠定了建筑现象学研究基础。

图4-4 反思喷泉

广场由建筑师彼得·沃姆瑟（*Peter Wormser*）、威廉·费洛斯（*William Fellows*）和退伍军人作家约瑟夫·费兰迪诺（*Joseph Ferrandino*）设计。广场位于纽约曼哈顿水街55号，面积约为8361平方米，旨在纪念1964年至1975年在越战中阵亡的军人及服役人员。其中反思喷泉的设计被认为具有仪式性特征。

在其中发生。

由于纪念行为承载了一段时期内人们的共同记忆，情感上具有向心力，因而具有某种宗教活动的仪式特征。纪念场所的设计也经常强化这种仪式感，利用各种空间组合要素寻求集体情感与空间形式之间的内在关联。这种设计风格需要将历史信息加以提取，在现实场景中还原相应的节点，引导人们按照一定的顺序进入这些节点，产生与纪念相关联的仪式情节。

在纽约越南退役军人纪念广场（*The New York City Vietnam Veterans Memorial Plaza*）的设计中，充分体现出纪念场所的这种仪式情节。广场设计的形式逻辑根源于东南亚丛林和稻田中的作战环境，仪式序列自西向东依次展开，越南地图为仪式入口，经过12个花岗岩荣誉匾的铺垫，到达序列的核心——纪念墙。纪念墙长21.3米、高4.8米，为半透明玻璃墙，镌刻有83封战争期间往来的信件、诗歌和日记的摘录。黑色花岗岩喷泉正对纪念墙，营造出反思战争的氛围（图4-4）。

在词源学中，“仪式”是所有已知人类社会共同的秩序特征。“仪”表示按程序进行的礼法、典范，如“仪，度也”[1]“上者，下之仪也”[2]。“式”表示效法，如“式，法也”[3]。在祭祀周文王的颂歌中提到“维天其右之，仪式刑文王之典”[4]表示效法先王。英文中“*Ritual*”一词最早见于1570年，源自拉丁文“*Ritualis*”。在罗马的法律用法中“*Ritual*”表示传统且正确的方式或正确表现、习俗。仪式的原始概念可能与自然中的“可见秩序（*Visible Order*）”有关，是人类对自然、宇宙、世俗、道德等事物观念结构化、规律性的秩序，因此在许多情况下仪式反映出对人类理想状态的敬仰。

仪式形成的另一来源是宗教。公元前6世纪，佛教（*Buddhism*）在北印度的平原上兴起；公元1世纪，基督教（*Christianity*）开始发源于罗马帝国中东地区；公元7世纪初，伊斯兰教（*Islam*）出现在阿拉伯半岛。宗教在人类文明的早期形成深奥的解释哲学，经过广泛的传播与实践演化出复杂的仪式规范。宗教仪式进入普通人的生活中，对社会各个阶层的信仰观念、道德伦理和居住样式产生了无法估量的影响。

结合场所理论，我们可以对生活中的仪式现象进一步做出解释：一方面，人们进入特定场所、按照设定顺序进行活动时会自然地触发情绪反应。如牧师在弥撒期间举起圣杯，两人之间相互握手和问候，领导人就职典礼发表讲话等仪式行为所产生的情绪等；另一方面，这些场所通过综合的空间限定手法给人们的语言和肢体动作构建了类似于戏剧表演的场景，从而塑造了参与者的场所体验和认知秩序。两者共同让人们将仪式活动与日常生活相互区分，使时间流逝具有了社会意义（图4-5、表4-1）。

[1] 出自东汉许慎所著《说文》，“仪”可理解为法度、礼法。

[2] 战国荀况所撰《荀子》中，“仪”作为表率之意。

[3]《说文》中“式”本义为法度，规矩。

[4] 出自《诗经》中《周颂·我将》，意为祈求保佑，效仿文王典范。

图4-5“9·11”纪念广场

由迈克尔·阿拉德（*Michael Arad*）和PWP景观设计事务所（*PWP Landscape Architecture*）联合设计的“9·11”国家纪念广场采用了迈克尔·海泽（*Michael Heizer*）的大地艺术作品“虚空（*The Voids*）”作为设计原型，形成一种哀思、静谧的场所仪式感。这种设计手法与越南退役军人纪念广场反思喷泉有着相似的形式起源。

主要仪式活动、场所及其仪式语言[1] **表4-1**

类型	名称	描述	场所	仪式语言
纪念仪式	开国大典、纪念日、阅兵式、胜利日等	标志着一年中的特定时间，或者是原生事件以来的固定时间段	会馆、纪念馆等	隆重、热烈等
政治仪式	就职典礼、宣誓仪式、委任仪式、入籍仪式、升旗仪式等	体现政治权力的权威性，展示政治活动的公共性	礼堂、广场等	庄严、肃穆等
节庆仪式	狂欢节、化妆游行、音乐节、嘉年华等	以特定主题活动方式，约定俗成、世代相传的一种社会活动	街道、广场等	欢乐、宣泄等
宗教仪式	礼拜、斋戒、禁忌、禳解、献祭、祈祷、萨满等	按照一定程序进行的具有象征意义的礼仪活动，表达对基本宗教价值观的遵守	教堂、佛堂、清真寺等	神圣、尊崇等
祭祀仪式	祭天、祭典、祭日、庙会等	以供品向神灵或祖先奉献、祈祷的行为	神社、宗祠等	严肃、虔诚等
超自然仪式	占卜、占星、巫术、祈福、祈雨、预言、解梦、萨满等	超越自然科学可知范围，旨在沟通人类未知领域的民族习俗、宗教信仰等活动	部落及民间各地	神秘、祈盼等
过渡仪式	洗礼、成年礼、婚礼、葬礼等	自然人从一种状态过渡到另一种状态	教堂、礼堂等	庄重、情绪化等

[1] 根据凯瑟琳·贝尔（*Catherine Bell*）、阿诺德·范·甘纳普（*Arnold van Gennep*）、维克托·特纳（*Victor Turner*）、米西娅·埃里亚德（*Mircea Eliade*）、爱德华·泰勒（*Edward Tylor*）、马塞尔·莫斯（*Marcel Mauss*）、克利福德·吉尔兹（*Clifford Geertz*）等学者观点综合整理。

图4-6 “9·11”纪念广场

（左图）广场占地3.24公顷，用于纪念在2001年9月11日和1993年2月26日的袭击中遇难的人们。

图4-7 仪式语言

（右图）由于“9·11”事件造成广泛的心灵创伤，需要采用一种能被各类人群所接受的仪式语言。

图4-8 遇难者铭牌墙

（左图）铭牌墙环绕于水池四周，名字按照一种有意义的关联原则排列。

图4-9 “9·11”纪念博物馆

（右图）博物馆展示厅由斯诺赫塔建筑事务所（*Snøhetta*）设计，采用解构主义设计风格。

面对灾难留下的伤痕人们开始不断地寻求艺术化地纪念仪式，建立一种冥想与沉思的可见秩序。这种探索首先体现在对美洲土丘、纳斯卡线、卡纳克石墩等人类早期仪式空间形式语言的回归。1960年代，罗伯特·史密森（*Robert Smithson*）、沃尔特·德·玛丽亚（*Walter De Maria*）和迈克尔·海瑟（*Michael Heizer*）等大地艺术家开始采用极简主义创作手法重新平衡仪式与自然的美学关系，大量减少人工痕迹。

在此过程中，海瑟的艺术作品还充满了对于正形与负形、存在与缺失以及物质与空间的辩证思考[1]。受墨西哥早期礼仪城市的启发，海瑟将几何的设计符号植入环境，逐渐形成类似于“末日人类丰碑（*Outlast Humanity Monument*）”的仪式特征。其雕塑艺术作品“北，东，南，西”更是直接影响了越南退役军人纪念广场和“9·11”国家纪念广场所采用的“倒映虚空（*Reflecting Absence*）”仪式语言。

[1] 海瑟的雕塑艺术作品如双重负形（1969年）、城市（1972年）、悬浮的质量（2012年）等都体现出虚空的仪式美感。

"9·11"国家纪念广场（*National September 11 Memorial & Museum*）是为了纪念2001年9月11日袭击事件中2977名遇难者和1993年世贸中心爆炸案中的6名受害人而建立的纪念广场和博物馆。由于"9·11"恐怖袭击事件在全球范围内产生了影响，因此需要消除语言的隔阂并以人类普遍的语言纪念历史的悲剧。纪念广场之所以放弃另起高楼而以一种"倒映虚空"的方式存在，正是希望在市民活动需求和象征主义之间找到平衡（图4-6至图4-9）。

在迈克尔·阿拉德（*Michael Arad*）确立海瑟的艺术雕塑作为设计方案的形式母题之后，彼得·沃克（*Peter Walker*）将6.48公顷的场地划分为4个象限，重新融入城市肌理。设计之初，沃克将袭击事件中幸存下来的豆梨树[1]回种场地之中，并据此展开以"树"为线索的仪式空间序列。通过列植416棵白橡树阵强化了富尔顿街与自由街的平行关系，使纪念广场和城市景观平缓过渡。齐整的树阵象征着重生，为世界各地的人们提供了一个冥想和纪念的场所，既不失抽象的仪式空间感又更具人性化。这一构思让设计方案从63个国家的5201个作品中脱颖而出。

语言是线性、时间性的，因此仪式语言不仅是空间的艺术，与时间的关系也颇为密切。穿行于树阵丛林仿佛步入心灵深处的"原风景"，春来冬去，季节性的色叶交替呈现出万物的生生不息。在这片祭奠亡灵的虚空之地，生命色彩的变幻显然具有非凡的象征意义。树阵沿着相同的方向排序形成拱廊，其形式源自山崎实（*Minoru Yamasaki*）设计的世贸双塔底部哥特式立面装饰，体现出宏观尺度上时间的延伸关系。

"倒映虚空"仪式语言还表明创作者保持了最大限度的情绪克制，以美学疗愈历史而并非过度渲染伤感的氛围[2]。重复的树种、常绿草坪及花岗岩铺地构成单一的色调，达到了视觉元素的统一；两个4000平方米的倒映池倾泻而下，形成了听觉统一。一静一动，虚实相生。丹·尤瑟水体建筑公司（*DEW Inc*）通过相同比例的模拟物研究如何控制水的流动速度，并通过锯齿状金属边缘将水流引导、分开形成滚滚水幕。由保罗·马拉茨（*Paul Marantz*）设计的灯光刺破夜空，将"倒映虚空"的仪式语言完整呈现。

在仪式体验层面，设计团队首先通过动态仿真系统模拟人群舒适程度。罗格斯大学运用行人仿真建模计算出"9·11"纪念广场的累积平均密度、空间利用率和人群集散度，用于改良流线关系避免出现瓶颈效应。其次，以"有意相邻（*Meaningful Adjacencies*）"原则编排遇难者名单。阿拉德认为经典式名单排序会造成两个水池之间顺序的脱节，因此排除了字母或时间排序法，而是从图形和情感上进行逻辑分组。

最终，2983名遇难者名字采用了优化字体，以外观平衡的方式排列，避免相似长度的名字彼此堆叠造成沟槽或空白的视觉缺陷[3]。这些名字根据当天的位置分为九类，这种分配看起来是随机的，但具有某种潜在的逻辑，反映了人物在"9·11"事件之前或之后的联系。遇难者的名字阴刻在黑色面板上，白天以阴影的形式出现，夜晚内部发出柔和的光芒照亮了每个名字[4]。

[1] 幸存树（Survivor Tree）被称为"纪念广场的关键元素"（Joe Daniels），国家纪念馆官方指南称此树"暗示着数千人劫后余生的百折不挠"。当年这棵2.4米的豆梨树种在世贸4号和5号楼旁，被挖出来时，只剩一根枝干存活。2001年11月，纽约市园林局将它挪到布鲁伦范特克兰公园亚瑟·罗斯的苗圃。2010年12月，幸运树长到9.1米高时回种纪念广场，其他6棵幸存下来的豆梨树和小叶椴被种在纽约市政厅和布鲁伦大桥附近。

[2] "9·11"国家博物馆纪念厅存有一面由2983件水彩作品组成的蓝色之墙，以纪念2001年9月11日天空的颜色。墙上刻有罗马诗人维吉尔《埃涅阿迪德》第九卷中的引文："没有一天会把你从时间的记忆中抹去。"但也有古典文学家反对这一铭文，认为其本意不适用于该情景。

[3] 该字体由赫尔曼·扎普夫（*Hermann Zapf*）于1958年设计。杰克·巴顿（*Jake Barton*）和数据艺术家杰尔·索普（*Jer Thorp*）联合设计了一种算法以呈现均匀的排列效果。

[4] 本文多处细节根据"9·11"事件幸存者*Manuel Chea*先生的采访整理完成，*Jenny Yin*女士提供访谈协助，在此一并致谢！

4.3 穿越时代的铁路

"9·11"国家纪念广场代表了纽约灾难空间再生设计的仪式美学取向，但就世界范围而言，功能上不能有效满足使用者实际生活需求、结构上日益危旧、形态上呈现缺陷的工业建筑遗产仍是城市弱势空间的主要类型（图4-10）。

纽约的工业化起步于1840年代。得益于北大西洋海运贸易的区位优势，美国东北部工业城市群迅速崛起，并逐渐由沿海港口向五大湖区腹地延伸，纽约逐渐地成为一个高度工业化的城市。工业化发展带动了城际铁路交通网络的形成，1826年至1954年间，纽约铁路先后经历了"前纽约中央铁路时期（*Pre-New York Central Period*）""伊拉斯塔斯·康宁时期（*Erastus Corning Period*）""范德比尔特时期（*Vanderbilt Period*）"三个阶段（表4-2），带动了制造业、运输业和仓储业的快速增长。

随着人口密度的增加和城市规模的扩大，保障工业生产和居民生活的交通运输显得至关重要，此时美国基本完成了工业革命，汽车已经开始在城市普及。但汽车数量的成倍增长也加剧了城市交通拥堵，为此纽约市不得不修建市内街道铁路以提高运输效率。1847年，政府批准在第十和第十一大道建设哈德逊河铁路，以便为西城区提供运输服务，不久这条货运铁路并入了纽约中央铁路公司（*New York Central Railroad*）。

曼哈顿西城区由此成为美国最繁忙的滨水工业区，纽约也发展为以贸易为基础，工业经济结构层次清晰的世界金融中心。繁忙的街道货运列车使工业生产和居民生活得以保障，但也存在交通事故隐患。至1910年，西线铁路交通事故已造成548人死亡、1574人受伤，第十大道因此被称为"死亡大道"。为了降低交通死亡人数，纽约中央铁路公司开始雇用"西区牛仔（*West Side Cowboys*）"在火车前挥舞旗帜以提醒行人。

为了从根本上解决运输效率与公共安全之间的矛盾，罗伯特·摩西（*Robert Moses*）[1]开始制定西城区改造计划。他提出改建西线货运铁路交叉口、增加13公顷河滨公园，以及建设高线铁路（*The High Line*）。1934年高线铁路正式投入运营，高线铁路直接连接仓库与码头，可以在不影响街道交通的情况下将食品物资从圣约翰公园码头运送到西34街，被称为"纽约生命线"。

图4-10 高线公园1

高线公园南起甘斯沃特街，北接西34街，最大限度保留了车轨沿途的城市景观。它被民众自发保护而得以转型的重要原因之一就是长期的废置反而使其生态功能得以恢复，是城市工业建设过程与自然修复过程的载体。改造后的高线公园具有良好的生态环境效应，四季花草繁茂，看上去如同一座悬浮的绿洲。

[1] 罗伯特·摩西（1888-1981年）是纽约市公园专员和长岛州立公园委员会主席，被认为是20世纪中期纽约城市风格的主要缔造者。摩西的规划项目推动了大萧条后期纽约的城市发展，但他偏爱在城区中建造高架、桥梁和高速公路的设计思想也饱受争议。

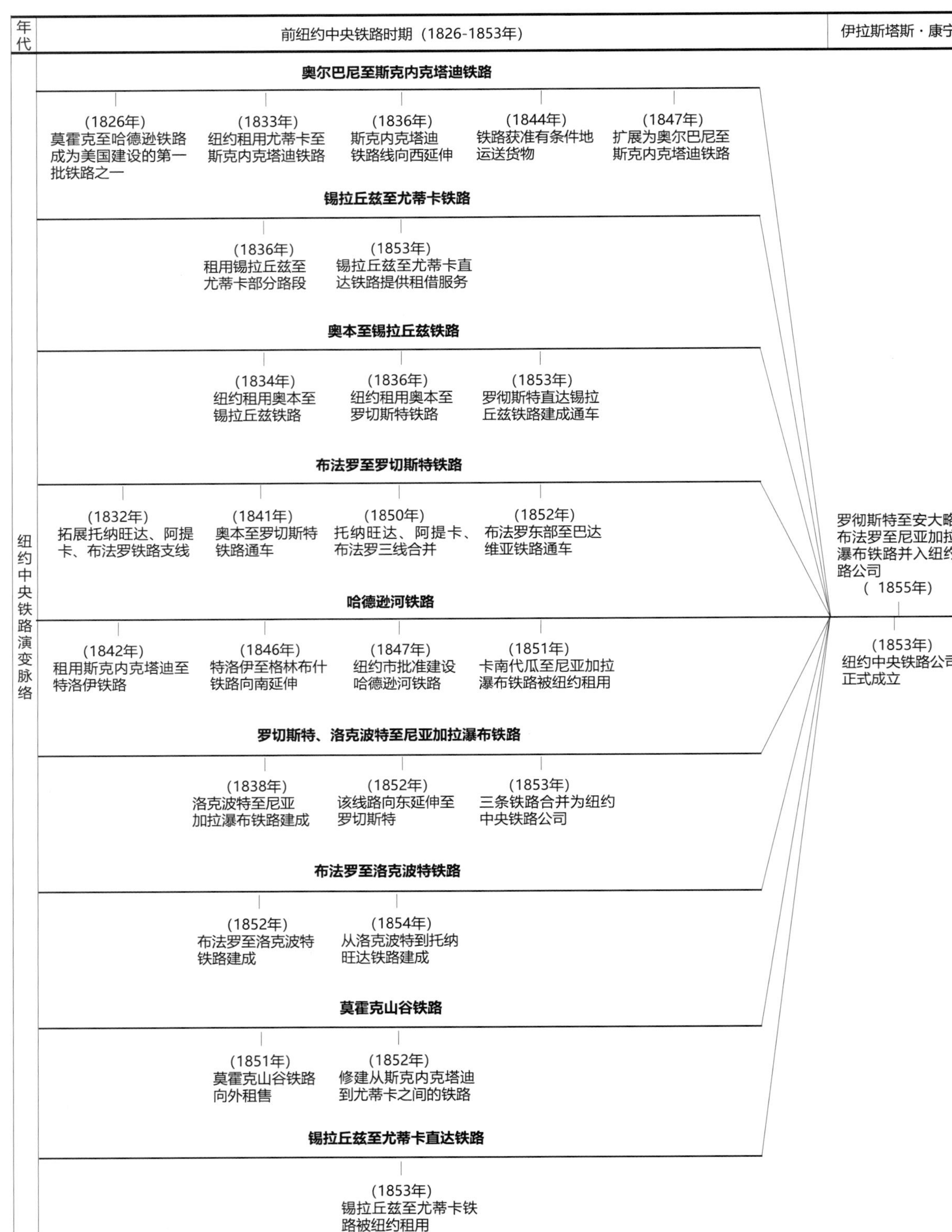
年代
前纽约中央铁路时期（1826-1853年）
伊拉斯塔斯·康宁
纽约中央铁路演变脉络
奥尔巴尼至斯克内克塔迪铁路
（1826年）莫霍克至哈德逊铁路成为美国建设的第一批铁路之一
（1833年）纽约租用尤蒂卡至斯克内克塔迪铁路
（1836年）斯克内克塔迪铁路线向西延伸
（1844年）铁路获准有条件地运送货物
（1847年）扩展为奥尔巴尼至斯克内克塔迪铁路
锡拉丘兹至尤蒂卡铁路
（1836年）租用锡拉丘兹至尤蒂卡部分路段
（1853年）锡拉丘兹至尤蒂卡直达铁路提供租借服务
奥本至锡拉丘兹铁路
（1834年）纽约租用奥本至锡拉丘兹铁路
（1836年）纽约租用奥本至罗切斯特铁路
（1853年）罗彻斯特直达锡拉丘兹铁路建成通车
布法罗至罗切斯特铁路
（1832年）拓展托纳旺达、阿提卡、布法罗铁路支线
（1841年）奥本至罗切斯特铁路通车
（1850年）托纳旺达、阿提卡、布法罗三线合并
（1852年）布法罗东部至巴达维亚铁路通车
哈德逊河铁路
（1842年）租用斯克内克塔迪至特洛伊铁路
（1846年）特洛伊至格林布什铁路向南延伸
（1847年）纽约市批准建设哈德逊河铁路
（1851年）卡南代瓜至尼亚加拉瀑布铁路被纽约租用
罗切斯特、洛克波特至尼亚加拉瀑布铁路
（1838年）洛克波特至尼亚加拉瀑布铁路建成
（1852年）该线路向东延伸至罗切斯特
（1853年）三条铁路合并为纽约中央铁路公司
布法罗至洛克波特铁路
（1852年）布法罗至洛克波特铁路建成
（1854年）从洛克波特到托纳旺达铁路建成
莫霍克山谷铁路
（1851年）莫霍克山谷铁路向外租售
（1852年）修建从斯克内克塔迪到尤蒂卡之间的铁路
锡拉丘兹至尤蒂卡直达铁路
（1853年）锡拉丘兹至尤蒂卡铁路被纽约租用
罗彻斯特至安大略、布法罗至尼亚加拉瀑布铁路并入纽约中央铁路公司
（1855年）
（1853年）纽约中央铁路公司正式成立

注：根据美国国家中央铁路博物馆（*National New York Central Railroad Museum*）、纽约中央系统历史学会（*New York Central System Historical Society*）以及美国客运铁路业的简明历史（*Brief History of the U.S. Passenger Rail Industry*）相关文献综合整理。

表4-2

867年）	范德比尔特时期（1867-1954年）

尔特收购逊河铁路随后又兼莱姆铁 54年）

范德比尔特将多条线路公司路并入纽约中央与哈德逊河铁路（1869年）

萨拉托加河至哈德逊河铁路并入（1876年）

纽约成立西岸铁路公司，并发展了客运和货运业务（1885年）

纽约并购卡南代瓜至尼亚加拉瀑布铁路（1890年）

四大铁路被纽约中央与哈德逊河铁路收购（1906年）

更改为纽约中央系统，该名称一直保留至被宾夕法尼亚铁路公司收购（1935年）

54年）加河至哈铁路被纽

（1867年）范德比尔特取得从奥尔巴尼到布法罗的铁路运营权

（1871年）普顿杜维尔和莫里斯港铁路开通

（1878年）日内瓦至里昂铁路开通，开设了锡拉丘兹通往纽约中央干线的煤炭列车

（1889年）克利夫兰、辛辛那提、芝加哥和圣路易斯铁路合并为四大铁路

（1900年）纽约并购匹兹堡至伊利湖以及波士顿至奥尔巴尼铁路

（1914年）纽约中央与哈德逊河铁路合并十一家子公司，重新组建了纽约中央铁路

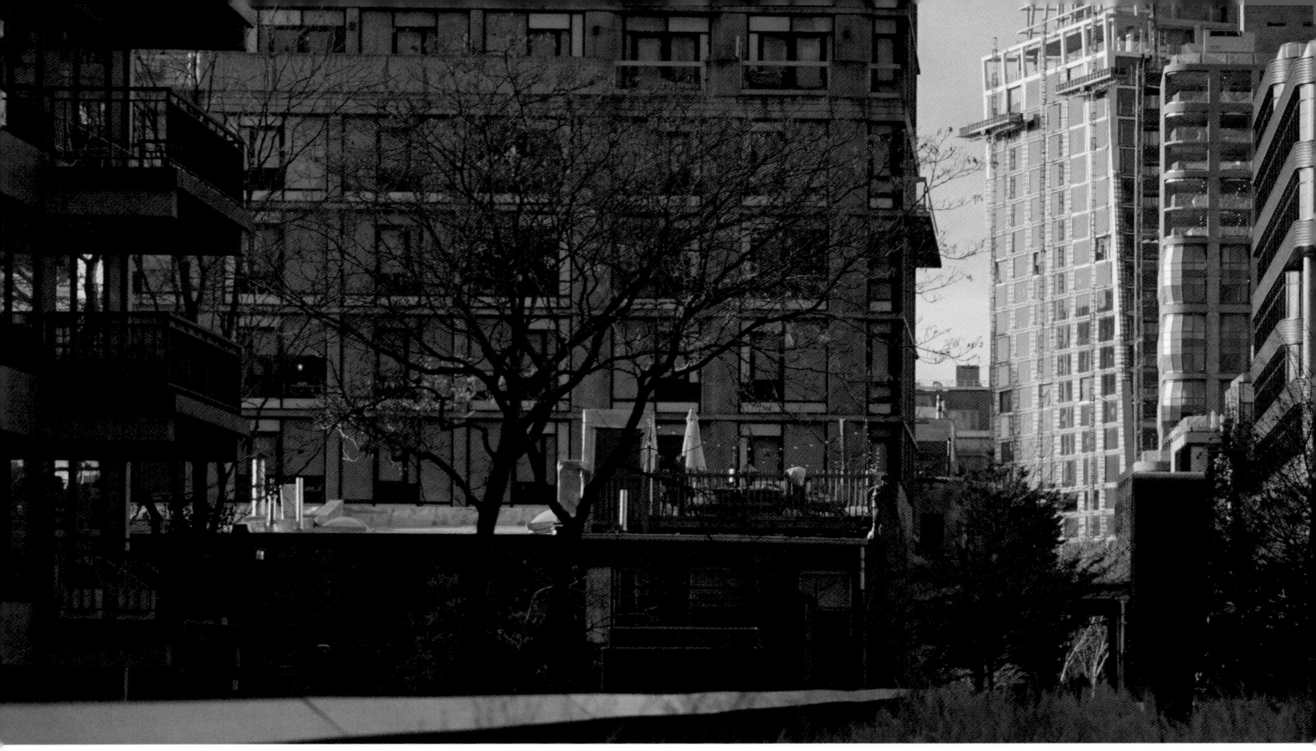

20世纪中期的高线铁路成为纽约货运中枢，发挥着不可替代的作用。然而简·雅各布斯（*Jane Jacobs*）等社会学者对于建设城市快速交通的市政决策始终持有不同态度。1960年代，雅各布斯曾经组织民间力量干预政府对格林威治村（*Greenwich Village*）的拆除计划，主张保护街区建筑群的完整性。这使人们开始意识到历史建筑与城市依存关系。1968年，美国国会通过《国家步道系统法》（*National Trails System Act*），鼓励将城市中具有历史意义的工业地段改造为健身步道。

1971年，法国社会学家阿兰·图拉因（Alain Touraine）首次提出“后工业社会（Post-industrial Society）”一词。随后越来越多的研究学者开始注意到传统工业发展模式的不可持续，新兴产业形态将成为日后经济社会的主导。一方面由于传统制造业对城市环境造成的污染问题加剧了社会矛盾，从而不可避免地出现功能性衰退；另一方面，金融、教育、文化等信息技术服务业比重日趋上升，纽约城市结构和产业布局面临重新地规划调整。因此，随着州际公路系统的完善以及卡车运输业的增长，纽约的货运重心开始由曼哈顿迁移至新泽西州。

在此过程中大量的城市工业历史地段已经长期处于废弃状态，纽约正经历“大建”之后的“大拆”阶段。尽管市民彼得·奥贝兹（*Peter Obletz*）成立了西线铁路发展基金会期望保存工业遗产，但此时的高线铁路已如同一道疤痕，成为都市美化运动清除的主要对象（图4-11）。1991年，纽约市长鲁迪·朱利安尼（*Rudy Giuliani*）签署拆除令将高线铁路仓库改建为公寓，先后有5个街区路段被拆除。高线铁路角色变化表明纽约的产业功能与城市发展主要矛盾关系密切（表4-3）。

图4-11 高线公园2

围绕高线铁路的废弃拆毁或再生利用折射出学界、民间与市政关于工业历史地段遗产的不同价值取向。

纽约城市发展主要矛盾与高线铁路发展变化关系表　　表4-3

时间	工业化阶段	纽约城市发展主要矛盾	高线铁路历史
1810年代至1840年代	工业化早期	农业人口迁移与城市功能不完善之间的矛盾	纽约批准在城市西线修建哈德逊河货运铁路，向曼哈顿下城区运送食品物资
1850年代至1910年代	工业化发展期	城市人口增加与生产生活供应之间的矛盾	西线货运铁路满足了物资运输需求，但也造成交通事故频发，第十大道被称为“死亡大道”
1920年代至1930年代	工业化成熟期	工业生产效率与市民公共安全之间的矛盾	纽约启动西线货运铁路改造计划，拆除了105条街道级的铁路交叉口，并新建高线铁路
1940年代至1960年代	工业化稳定期	交通运输与居住环境严重恶化之间的矛盾	高线铁路从圣约翰公园码头运送食品物资到西34街，成为“纽约生命线”
1970年代至1980年代	工业化转型期	第二产业功能性的衰退与新兴产业比重日趋上升之间的矛盾	州际公路系统及卡车运输业的增长导致高线铁路运输量减少，部分线路拆除
1990年代至2000年代	后工业化时期	城市废弃工业地段拆除与再生利用之间的矛盾	在高线之友运营下，由景观设计师主导的设计团队将高线铁路分三期改造为城市公园
2010年代至今	后工业化时期	不断增长的市民文化生活需求与有限的公共空间之间的矛盾	高线公园完全开放，成为市民休闲、社区活动、园艺观赏、艺术展示及教育等多功能场所

20世纪末，欧美主要工业国家相继进入了一个以更新再开发为主的新阶段，可持续发展成为时代的主旋律。在学术界，始于英国的工业考古学（*Industrial Archaeology*）经过50年的发展已经成为涵盖考古学、历史学、文化学、经济学、建筑学和设计学等学科在内的系统理论体系，取得了丰硕的研究成果。此外，自1971年北美工业考古学会（*Society for Industrial Archeology*）成立起，目前世界范围内已成立23家国家工业考古学会。这些专业性研究机构有助于促进工业文化遗产与经济社会的协调发展，并为政府部门提供决策咨询。

事实证明工业废弃地段具有显著的再生利用价值，德国鲁尔工业区、英国布莱纳文工业景观、意大利都灵工业遗址公园等经典案例成为后工业时期欧洲旅游业迅速发展的重要原因。此后西班牙建筑师伊格纳西·莫拉雷斯（*Ignasi de Solà-Morales Rubió*）在工业遗产分类基础上进一步提出"模糊地段（*Terrain Vague*）"概念，指出城市中铁路、仓库、码头等丧失生产力的空间同样需要保护、管理与再生。

1993年，景观设计师雅克·弗尔格利（*Jacques Vergely*）和建筑师菲利普·马修克斯（*Philippe Mathieux*）设计的巴黎勒内·杜蒙绿荫长廊（*Coulée verte René-Dumon*）对外开放。这条景观长廊从巴士底歌剧院一直延伸至金色大门，全长4.7公里。由于长廊修建于废弃的万森纳铁轨之上使得整体高出地面10米，成为一座可以远眺全城的空中花园。它的出现使人们联想到休·费里斯（*Hugh Ferriss*）的奇幻画作——《明日都市》，插画家笔下被自然环抱的建筑、贯穿摩天大楼的高架人行道已经成为现实。

欧洲城市更新的理论与实践证明了工业遗产可以通过植物群落的自适应再生实现功能置换，从而保留其周围环境的原始风貌。受此启发，约书亚·戴维（*Joshua David*）和罗伯特·哈蒙德（*Robert Hammond*）创立了非营利性保护组织"高线之友（*Friends of the High Line*）"，倡导将高线铁路保存并重新改造为公共场所。2002年，迈克尔·布隆伯格（*Michael Bloomberg*）当选为新一任市长，致力于保留和再生利用高线铁路。这标志着纽约从资源衰退型城市向以循环经济为主导的综合型城市转型，工业遗产开始成为重要的文化空间组织形式。

为了吸引更多的民众自下而上地参与高线铁路改造，高线之友组织了一场全球创意竞赛，从中收到来自36个国家或地区的720份改造方案。虽然竞赛要求仅是从创意角度探讨铁路公园的外在形式，但却收到了明确的反馈信号：公众的环保意识日益提升，必须通过景观基础设施的建设和完善使城市成为一个生态体系。换言之，"景观都市主义（*Landscape Urbanism*）"的设计理念已经深入人心。景观都市主义是将景观和城市视为整体的设计理论，尤为关注着城市中传统产业逐渐衰退后的"模糊地段"，强调将地景（*Landscape*）与市景（*Cityscape*）融为一体。

2004年，布隆伯格重新调整区署划分，将西切尔西地区分列出来用于高线铁路的改造，高线铁路业主CSX运输公司随即将所有权捐赠给高线之友。改造工程于2006年4月启动，项目总额超过1.5亿美元。

高线铁路的改造计划吸引了52个设计团队参与竞标，每个团队都包括了建筑、景观、城市规划、工程、园艺和艺术领域的专家。最终，詹姆斯·科纳（*James Corner*）、扎哈·哈迪德（*Zaha Hadid*）、史蒂文·霍尔（*Steven Holl*）和地形图设计事务所（*Terragram Pty. Ltd.*）四支联合设计团队入围决赛。市政府与高线之友指导委员会选择了詹姆斯·科纳场域运作事务所作为项目负责团队，与迪勒·斯科菲迪奥与伦弗罗设计工作室、彼得·欧道夫园艺设计事务所共同改造高线铁路。

科纳认为高线铁路最根本的用途是将其恢复为原始生态功能，因此，设计团队针对场地狭长的线形场地条件采取了“*Agri–Tecture*（植筑）”设计手法以适应浅根植物的生长特性。路面铺装以数字化方式切分成长短不一的混凝土预制板，接缝处逐渐变细呈锥形。透过缝隙，200多种植物以自播生长的方式与硬质铺装柔和过渡。场地中交替铺设新旧铁轨，通过直观的意象寓意历史在这里传承。

自2009年起，高线铁路整体改造工程分为三个阶段，于2014年全部对外开放。虽然英文名称“*The High Line*”没有发生变化，但中文语境中人们已经将其改称为“高线公园”。其所有权归属市政府，受到纽约市公园管理局与高线之友公私合作式管理。改造之后的高线公园全长2.33公里，共设有12个出入口，可通轮椅。目前年均接待游客700万人次，其中外地游客占一半以上，成为纽约市单位面积到访人数最多的景点。高线公园先后两次获得美国景观设计师协会专业奖（*ASLA Awards*），其对于景观业界的影响力可见一斑（表4-4）。

高线公园改建过程及社会评价　　表4-4

项目阶段	改造范围	开放日期	社会评价
一期工程	甘斯沃尔特街至西20街	2009年6月9日	2010年美国景观设计师协会专业奖、总体设计类荣誉奖
二期工程	西20街至西30街	2011年6月8日	2013年美国景观设计师协会专业奖、总体设计类荣誉奖
三期工程	西30街至西34街	2014年9月21日	—
—	—	—	2017年维罗妮卡·拉奇绿色城市设计奖
马刺转角	西30街至第十大道	2019年6月5日	—
—	—	—	2019年《卫报》“21世纪的最佳建筑”之一； 2019年《建筑文摘》“塑造我们世界的25种设计”； 2020年《时代》杂志“2010年代最佳建筑”之一； 2020年《居住》杂志“十年中最有影响力的9座建筑”； 2020年《设计热潮》（全球第一本在线杂志）“20周年最受欢迎建筑”之一
十八街广场	第十大道	进行中	—

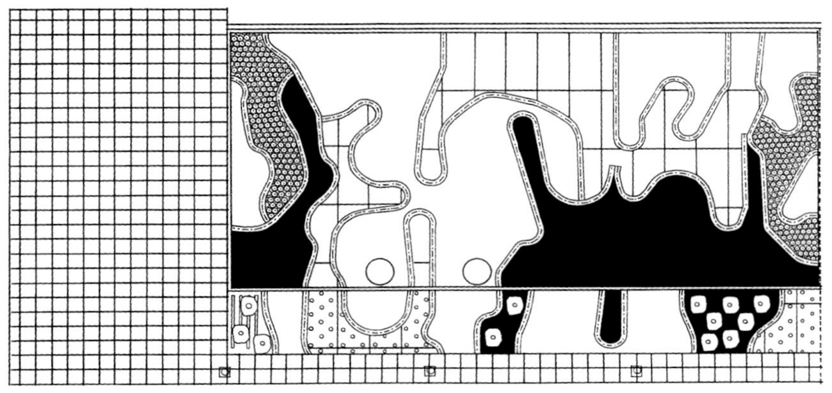

0 10m

SITE PLAN

4.4 隐喻的花园

高线公园从废弃的支线转变为全新的都市生活系统成为纽约后工业时代景观的标志，此外，自然环境中的山、水、植物以其丰富多变的外貌和文化内涵也是城市景观不可或缺的有机组成。然而在城市弱势空间语境中难以实现三者的合为一体，于是借助自然要素形态，将其有意识地加以改造、修整，从而使表现一个抽象概括的“符号化”的隐喻自然形态成为常见的现代设计手法。这一手法并非简单地摹仿古典园林构景要素的原始状态，而是借助符号学、语义学和语用学等语言学逻辑进行语法转换，实现设计主题“本于自然、高于自然”的语义扩张。

1997年，纽约现代艺术博物馆通过国际竞标选中日本建筑师谷口吉生（*Yoshio Taniguchi*）的新馆扩建设计方案。新馆将增加结构与原有建筑融为一体。为了延续形式语言的连贯性，同时缓解对博物馆周围建筑造成的影响，博物馆决定在新馆6层的楼顶建造一个面积17400平方英寸、具有“装饰性”的屋顶作为观赏花园，这一设计将延续曼哈顿区域建造装饰屋顶的传统（图4-12）。不久，馆长彼得·里德（*Peter Reed*）委托肯·史密斯景观设计事务所（*Ken Smith Landscape Architect*）为新馆加建一个屋顶花园。作为现代艺术的展示空间，屋顶花园应该与1953年设计建成的纽约现代艺术博物馆花园（*The Museum of Modern Art Garden*）保持风格一致，同时又必须具有必要的视觉独立性。

设计之初，肯·史密斯（*Ken Smith*）面临着顶楼加建改造工程的普遍性问题，包括低预算、重量限制、便于植物灌溉以及不得采用高于3英寸的设计元素。考虑到后期景观建设和使用安全的需要，屋面承重被提升至每平方英尺25磅。由于屋面上不能出现任何结构附件与屋顶及防水层相通，因此也对屋顶花园后期养护提出了高要求——最大限度降低养护成本。与此同时，植物配置不能影响整个花园的景观效果。另外，博物馆还为屋顶花园购买了黑色和白色砂砾，要求设计人员在设计时充分利用这些材料。史密斯的初步设想是将绘画艺术作品中的花朵图案进行简化、提炼，布置成一系列雏菊状具有动态视觉效果的网格装置。为此，设计团队将初步方案制作了比例为1：4的模型，并向博物馆董事会进行了展示。

图4-12 屋顶花园平面图

纽约现代艺术博物馆屋顶花园通过二维平面构图，巧妙组合造景要素，充分利用场地空间、设计材料和符号语言呈现出丰富的符号学语义特征。

然而，这一模拟自然的表现手法介于流行艺术和极简主义之间，显然过于直白。因此史密斯着手研究带有“伪装（*Camouflage*）”和“模仿（*Simulation*）”色彩、具有“符号隐喻（*Symbolic Metaphor*）”设计风格的新方案。最终，模仿自然的概念、仿真的方法和符号学理论共同产生了屋顶花园的形式——黑白条纹砾石相组合的形式组合。

新方案的灵感来自于日本禅宗花园中铺设的白色砾石。虽然这种形式语言来源于传统，但是设计与施工却完全采用现代主义方式。从平面造型上看，屋顶花园完全依照实际条件进行严格控制，交叉口、半径、边界、底脚等各个部位都被充分利用。造景材料也经过仔细挑选，包括自然材料、回收材料——碎石、玻璃、橡胶覆盖物，也有合成材料，如玻璃纤维栅栏、PVC板材、橡胶人工岩和泡沫塑料等。灌木丛由玻璃纤维格栅做成，由PVC螺栓保持固定，这些重量符合屋顶的承重要求。数控系统制造技术同样被应用到施工过程中，所有的玻璃纤维板材和泡沫塑料都是经过工厂加工后运抵施工现场，其目的就是减少屋顶上人操作的概率，将对屋顶的破坏降至最低，使现场施工变得切实可行。

屋顶花园建成后不仅可以展出现代、当代艺术作品，而且自身也成为一处与周围环境相协调的城市景观。随着周围建筑的不断扩建，最终成为三个彼此独立又融为一体的富有想象力的城市空间。按照设计要求，花园一般不对公众开放，因此人们无法置身其中体验，但它却成为城市中心高楼林立视域下一处景色绝佳的艺术作品。它将形式语言、建筑材料和城市空间形态充分利用，标志着现代设计理念与城市弱势空间实现了艺术化的自然融合。

在屋顶花园项目中，设计师通过艺术化模仿以及仿真技巧将“伪装”设计手法提供了很好的解读——通过模仿自然来创造一种新的自然状态。当代景观设计中，“伪装”是最常见并被广泛使用的技术。设计师期望利用图像在建筑中模仿自然，采用改进或掩盖等手段将构筑物对自然环境造成的影响尽可能削弱，使它与周边地区相混合以达到伪装的效果。通常，平面艺术家或偏好美学的设计师喜欢运用“伪装”设计手段，以期获得截然不同的视觉效果，并逐渐成为一种流行的现代艺术手法。

“伪装”设计手法起源于战争中为欺骗或迷惑对方所采取的各种隐蔽措施。第二次世界大战后，为了国家安全而建造的“伪装建筑”也一度成为设计界的热点。初期“伪装”作为一种军事语言，用于隐藏重要目标信息。景观设计中的“伪装”手法通常引申为一种单向“符号隐喻”的替代关系，达到含蓄地表达相近意义的目的。

在现代城市景观设计中，不乏“伪装”和“模仿”手法的实践作品。奥姆斯特德（*Frederick Law Olmsted*）在设计纽约中央公园（*Central Park*，1858-1876年）之时，在视觉和空间上采用了艺术性地模仿工业革命之前理想环境的设计风格，以改善曼哈顿地区大体量建筑和大尺度空间对城市环境造成的压迫感。这种被认为是修复、语境化（*Contextualization*）或简单的自然化的设计手法实质上是城市文脉主义（*Urban Contextualism*）的雏形。

1950年代，受英国学者本泽纳·霍华德（*Ebenezer Howard*）提出的花园城市理论影响，世界开始重视城市建设与历史文脉的结合。同时具有城市文脉主义特征的现代景观设计学的框架已逐渐形成。宾夕法尼亚学派（*Penn School*）则为城市文脉主义的发展提供了数量化研究方法。随着资本主义经济发展迅速，城市和人口规模的急剧膨胀改变了人类的生活方式，为多数人服务的公园等公共事业取代私人庭园，成为社会和行业发展的主流。面对着城市化的巨大冲击，人们对工业文明感到厌倦成为普遍的社会心理，城市的历史和文化的价值重新得到重视。城市化的快速发展所带来的负面影响日益凸显，交通拥堵、水体污染等问题导致人居环境日益恶化，如何实现城市文脉的延续成为突出问题。

与此同时，代表着流行、通俗化的波普艺术扩展到文化领域，并逐渐对城市景观设计产生影响。1972年，美国建筑师文丘里（*Robert Venturi*）采用以不锈钢架勾画出历史建筑轮廓的形式，将费城富兰克林庭院（*Franklin Court*，1972年）设计成带有符号式隐喻的纪念性花园，以唤起参观者的仰慕和纪念之情。在多种因素的影响下，英国建筑理论家詹克斯（*Charles Jencks*）出版了《后现代主义建筑语言》（*The Language of Post-Modern Architecture*），总结了后现代主义的六大特征：历史主义、直接的复古主义、新地方风格、文脉主义、隐喻和玄想及后现代空间。至此，以符号化、通俗化、戏谑的二维设计语言结合历史片段，形象、简约地展示了场所包含的历史信息和情感的“符号隐喻”设计手法得到广泛认同，并对后来的城市文脉主义产生影响。

在纽约现代艺术博物馆屋顶花园设计中，史密斯运用设计符号传达功能、情感、美学观和社会文化意义等属性，并通过各种形态、色彩、物质材料和尺度等公众能够感知到的要素和结构形式，在特定的城市语境中传递着物质信息和情感思想，实现设计作品的内涵意义和功能价值。根据符号学的观点，任意一符号系统都是由媒介关联物（*Medium*）、对象关联物（*Object*）和解释关联物（*Interpret*）按一定符号关系（*Sign Relation*）构成系统。每一个符号其自身必须是一种物质性的存在，与它所表征的对象具有被理解和接受的关系。同时，设计符号包括能指（*Signifier*）和所指（*Signified*）两个层面。因此当我们讨论设计案例时必须考虑到影响“符号隐喻”的认知因素及不同语境。

史密斯在有关设计概念的讨论中，将“美”与“审美”视为核心问题。美在主观意识上表现为情感，审美是一种以情感体验的方式进行的评价活动。设计人员参考日本枯山水设计理念，利用白色的砂砾、回收利用的黑色橡胶、玻璃碎片、雕塑石材和仿真黄杨建造了一个类似日本禅宗庭院的屋顶花园。为确保实现水景的视觉效果，筑成蓄水池的泡沫塑料经过打磨，形成犹如石材般的质感。在整体意境和构成形式上都符合当代审美观。史密斯希望通过接近律、相似律、连续律、闭合律、协变律等格式塔心理学（*Gestalt Psychology*）知觉组织原则，将自然美通过系列视觉符号引发内在吸引力和观者的本能反应。人们在观察的时候会发现其吸引力，并在排除其他因素的情况下做出自发的审美判断。

符号学将大多数知觉组织原则归纳为完形律（*Law of Pragnaze*），即人们倾向于简单、规律且具有明确几何关系的图形关系，带有秩序感、韵律感和节奏性重复的知觉符号较之无序、非对称和混乱的知觉符号更容易为人们所发现和接受。另一方面，在经历了1980年代以来的简约几何图形和激进的形式主义之后，形式主义忽略场地特性的弊端被诟病。为了平衡形式美和场地特性，屋顶花园的设计遵循了特定的知觉组织规律，采用界限分明的曲线划分及黑、白、绿的色彩中和，产生田园式的场地美学（图4-13、图4-14）。

现代艺术博物馆屋顶花园设计的突出特点之一是语义冲突，它是“符号隐喻”产生的基本前提。史密斯通过“模仿（*Imitation*）”“欺骗（*Deception*）”“诱骗（*Decoy*）”和“混淆（*Confusion*）”四种方式模拟自然以创造一种新的自然形式，无论这样做的初衷是为了审美还是淡化存在感，但其结果往往是产生了一种独特的视觉魅力，是一种现代艺术的创作手法。语义冲突也可以称为语义偏离，“伪装”艺术的语义发起点是为了融合环境，然而在形式符号的排列组合过程中，语言意义违背语义选择限制，反而使设计主体在周围环境中脱颖而出。这可以被理解为通过“伪装”或“模仿”自然生成一种新的特质。“符号隐喻”中的语义冲突是两个概念通过映射的方式相互作用的结果。在映射过程中，属于抽象语义领域的相关概念和结构由于存在某些方面的相似性，通过形式链接被转移到物质设计领域，最终合成一种新的形式语义，即隐喻的象征意义。正是因为有语义冲突，“符号隐喻”通过一定的结构程序，使屋顶花园实现其多重语义特征。

根据恩德尔·特尔文（*Endel Tulving*）的理论，在长时记忆中存在着相互独立、有所区别而又相互影响的记忆系统——情景记忆（*Episodic Memory*）和语义记忆（*Semantic Memory*），因此符号的语义通过记忆组织与表征，形成意义和解释。因循知觉组织规律，史密斯采用点、线、面、体等四种不同的基本视觉元素，将碎石块、橡胶、玻璃纤维、PVC板材、泡沫塑料和塑石等不同存在方式的造景材料体构成了丰富的造型要素，以形成场地的情景记忆。设计师并不直观描述具象的思想感情，而是通过点、线、面、体的扩张、聚合、方向、运动等符号意象去表达和暗示变化着的自然世界。在设计语境中，这一世界是通过情景记忆在观者头脑中生成的象征联系，是一种思想情感的迁移。观者脑海中呈现出来的形态知觉，是由设计师通过材料、工艺、审美等多重要素共同构成的象征联系传递出来的，并引发情感反应。

随着人口规模的扩张和城市化进程的深入，社会对屋顶空间等城市弱势空间的使用需求和设计要求越来越高。同时，现代城市语境中弱势空间再生的形式语言受到多种因素的制约，也是一个多学科聚焦的热点问题。纽约现代艺术博物馆屋顶花园以其丰富的符号学语义特征成为解析城市弱势空间再生设计手法的一个有益视角。本案通过解析符号语义与功能意义之间的语义关联，明确了知觉组织、语义冲突和象征联系作为“符号隐喻”设计手法的基本原则和方法，研究结论对于寻求符号学途径重新塑造城市活力具有借鉴意义[1]。

[1] 原文发表于《创意与设计》2015年第5期，2015-09-29。

图4-13“消隐”的花园1

史密斯将现代设计理念与艺术形式结合，运用关联符号语义与历史片段的“符号隐喻”设计手法让屋顶花园消隐在环境中。

图4-14“消隐”的花园2

纽约现代艺术博物馆屋顶花园于2009年被授予美国景观设计师协会综合设计荣誉奖（*The Honor Awards of 2009 ASLA Professional Awards, ASLA*）。

结 语

纽约城市的日趋繁荣，从一个侧面反映了世界城市的发展足迹。全书以17世纪初至今纽约的形式源流为切入点，以建筑思潮脉络为纵轴，资本的作用、艺术的介入和城市弱势空间再生为横轴，探讨纽约城市更新的形式演进及其深层美学逻辑。从纽约城市更新的历史进程中可以明显地看到，纽约在吸收了大量移民文化的基础上创立了极具包容性的建筑形式。发轫于欧洲殖民主义风格的纽约建筑艺术经受过古典复兴、装饰主义等文艺思潮的影响，也经历过工业化、城市化带来的现代主义探索，最终在资本、人口和密度多重因素影响下呈现出网格式城市空间格局。

纽约城市更新形式逻辑的第一维度为资本逻辑。1960年代“多层婚礼蛋糕式”成为主流建筑形式，新修订的区划条例引入建筑容积率、允许购买和转让上空权为资本垄断高层建筑创造了条件。资本力量主导了城市中心区域形式界面，表现为居住群落的高密度和实用功能衰退的视觉化，以“容器（*Vessel*）”为代表的商业地标正是这种资本逻辑的体现。资本通过私有公共空间的方式保障城市拥有足够的公共空间和绿化设施，成为纽约形式逻辑的重要组成。而在资本力量的挤压之下，共享街道重新激活了社会交往、生态和运动功能，城市的形式界面也变得更为立体、多元。

第二维度为艺术逻辑。纽约的城市更新过程也是艺术语言组织、运用和介入的过程。纽约艺术家通过多种多样方式介入城市，他们创作出大量作品传达时代主题和精神状态——描绘涂鸦表达社会关切，进而对城市空间中的垂直界面进行微更新；塑造女权雕像营造女性空间，主张城市空间应具有多样性，体现女性的社会价值。与此同时，拥有百所博物馆的纽约孕育出大批艺术新锐和具有艺术包容度的普通民众，许多大胆前卫的公共艺术作品得以涌现在城市之中，与建筑、景观共同编织成纽约独特的形式界面。

第三维度为历史逻辑。如何艺术地纪念历史、抚平伤痕，是每个城市发展过程中都将要面对的问题。解读经典设计案例可以作为透视纽约城市更新形式逻辑的一个有益视角。无论爱尔兰饥荒纪念园、“9·11”国家纪念广场、高线公园或是纽约现代艺术博物馆屋顶花园，其中的设计理念、形式组织和美学思想都遵循了城市更新的历史逻辑，表现为叙事美、仪式美、生态美和符号美。

参考文献

[1] ALLISON B, LYNN R, MICHAEL R B. A Place of Remembrance: Official Book of The National September 11 Memorial & Museum [M]. Washington DC: National Geographic, 2015.

[2] ANN L. The Artistic Influences that Made Artists Artists [EB/OL]. (2014-05-27)[2020-03-27]. https://www.artnews.com/art-news/news/the-art-that-made-artists-artists-2438/.html.

[3] CATHERINE B. Ritual: Perspectives and Dimensions [M]. New York: Oxford University Press, 1997.

[4] CHARLES R E. The Most Famous Landmarks of New York City: The History of the Brooklyn Bridge, Statue of Liberty, Central Park, Grand Central Terminal, Chrysler Building and Empire State Building[M/OL]. Scotts Valley: CreateSpace Independent Publishing Platform, 2015.

[5] CHRISTOPHER S H. Holocene Prehistory of the Southern Cape, South Africa : Excavations at Blombos Cave and the Blombosfontein Nature Reserve [M]. Oxford: Archaeo Press, 2008.

[6] ELLEN H. New York Beautification Project [M]. New York: Gregory R. Miller & Company, 2005.

[7] FREDERICK L O, CHARLES E B, LAUREN M. Frederick Law Olmsted: Plans and Views of Public Parks (The Papers of Frederick Law Olmsted) [M]. Baltimore, Johns Hopkins University Press, 2015.

[8] JAMES C. The High Line [M]. New York: Phaidon Press, 2020.

[9] JENNIFER P. NYC is getting ten sculptures of famous women this summer [EB/OL]. (2019-02-11)[2020-04-11]. https://www.timeout.com/ newyork/news/nyc-is-getting-ten-sculptures-of-famous-women-this-summer-021119.

[10] KLINKENBORG V. The Great Irish Hunger and the Art of Honoring Memory [N]. The New York Times, 2002-06-21(12).

[11] LAMBERT B. Neighborhood Report: Lower Manhattan, A Campaign to Save a Bull [N]. The New York Times, 1993-10-03(1)[2020-05-07].

[12] MARIE L R. Space. The Living Handbook of Narratology [EB/OL]. (2012-01-13)[2020-07-12].https://www.lhn.uni-hamburg.de/node/55.html.

[13] MASNYC. The Accidental Skyline [R/OL]. (2017-10-14)[2020-10-03]. https://

www.mas.org/wp-content/uploads/2017/10/accidental-skyline-report-2017.pdf.

[14] MASNYC. Bright Ideas: New York City's Fight for Light [R/OL]. (2019-10-28)[2020-10-11]. https://www.mas.org/wp-content/uploads/2019/10/Bright-Ideas-Report_FINAL_10.21.pdf.

[15] MCNY. New York at Its Core: 400 Years of New York City History [M]. New York: Museum of the City of New York, 2017.

[16] MOPD. Accessible NYC 2019 Edition The City of New York. An Annual Report on the State of People with Disabilities Living in New York City [R/OL]. (2019-02-11)[2020-07-18].https://www1.nyc.gov/assets/mopd/downloads/pdf/accessible-nyc-2019.pdf.

[17] NYCDOT. Street Design Manual [S/OL]. (2015-03-25)[2020-09-02]. https://www.nycstreetdesign.info/sites/default/files/2020-03/FULL-MANUAL_SDM_v3_2020.pdf.

[18] NYCDOT. Safe Streets for Seniors [R/OL]. (2016-06-20)[2020-09-06]. https://www1.nyc.gov/html/dot/downloads/pdf/safestreetsforseniors.pdf.

[19] PAUL G, JEFF C, SARAH M. The Story of New York's Staircase [M]. New York: Prestel Publishing Ltd, 2019.

[20] PAUL G, GEORGE D. Santiago Calatrava: Oculus [M]. New York: Assouline Publishing, 2017.

[21] PETER R, ROMY S K, QUENTIN B. Oasis in the City: The Abby Aldrich Rockefeller Sculpture Garden at The Museum of Modern Art [M]. New York: The Museum of Modern Art, 2018.

[22] PETER R. Peter Reginato-Sculpture 1994 [M]. New York: Adelson Galleries and William Beadleston, 1994.

[23] QUENTIN B, CHRISTOPHE C. MoMA Now: Highlights from The Museum of Modern Art [M]. New York: The Museum of Modern Art, 2019.

[24] SAM R. A History of New York in 27 Buildings: The 400-Year Untold Story of an American Metropolis [M]. Bloomsbury : The Bloomsbury Publishing, 2019.

[25] TOM O. Tipping Point [M]. New York: Marlborough Gallery, 2017.

[26] VICTOR T. Dramas, Fields, and Metaphors: Symbolic Action in Human Society [M]. Ithaca: Cornell University Press, 1974.

图片来源

图0-2　纽约市区示意地图https://www1.nyc.gov/assets/planning/download/pdf/about/publications/maps/nyc-base-map.pdf

图0-3　纽约的城建节点One New York: The Plan for a Strong and Just City, nyc.gov/onenyc, 2015, P9.

图0-4　纽约市人口规模One New York: The Plan for a Strong and Just City, nyc.gov/onenyc, 2015, P27.

图1-62　纽约超高层建筑https://skyscraper.org/supertall/new-york/

图1-63　纽约天际线https://www.visualcapitalist.com/new-york-city-evolving-skyline/

图1-64　纽约最高建筑https://www.visualcapitalist.com/100-tallest-buildings-in-new-york-city/

图1-65　缩进原则The Municipal Art Society of New York, Bright Ideas: New York City's Fight for Light, Oct 2019, P17.

图1-66　建筑容积率The Municipal Art Society of New York, Bright Ideas: New York City's Fight for Light, Oct 2019, P18.

图2-6　"POPS"标识牌The New POPS Logo. https://www1.nyc.gov/site/planning/zoning/graphic-files.page

图2-7　POPS交互式地图DCP's Interactive Map of POPS. https://capitalplanning.nyc.gov/map

图2-8　POPS数量增长图POPS by Year Built. https://www1.nyc.gov/site/planning/plans/pops/pops-history.page

图2-12　高层建筑监测图https://www.mas.org/initiatives/accidental-skyline/

图2-13　西57街217号The Municipal Art Society of New York, The Accidental Skyline 2013. Dec 2013, P6.

图2-14　阴影下的城市The Municipal Art Society of New York, The Accidental Skyline 2017. Oct 2017, P12.

图2-15　水街55号广场https://apops.mas.org/pops/m010025/

表2-2　公共广场设计标准与POPS形式的对应关系（配图a-i）New York City's Privately Owned Public Spaces Current Standards. https://www1.nyc.gov/site/planning/plans/pops/pops-plaza-standards.page

图2-20　海洋公园大道Metropolitan Transportation Authority: Maps, MTA Neighborhood Maps, Brooklyn, Ocean Pkwy. https://new.mta.info/document/4396

图2-21 土地面积占比Percent of New York City Land Area by Use, New York City Department of Transportation, Street Design Manual. 2015, P19. The Office of the Mayor of New York City. PlaNYC Sustainable Stormwater Management Plan, Dec 2008, P31.

图2-22 纽约市公交系统New York City Subway Map. https://new.mta.info/map/5256 NYC Ferry Routes and Schedules. https://www.ferry.nyc/routes-and-schedules/ 2015 New York City Truck Route Map. https://www1.nyc.gov/html/dot/downloads/pdf/2015-06-08-truck-map-combined.pdf. New York City Bike Map 2020. https://www1.nyc.gov/html/dot/downloads/pdf/bikemap-2020.pdf

表2-23 自行车通勤人数Commute to Work Rolling 3-Year Average 2012-17, New York City Department of Transportation, Green Wave: A Plan for Cycling in New York City. July 2019, P6.

图2-24 共享型街道Agency Roles on the City's Streets, New York City Department of Transportation, Street Design Manual, 2015, P250.

图4-2 纪念园平面图The Irish Hunger Memorial Foundation, Hugh L. Carey Battery Park City Authority. https://www.batteryparkcity.org

TISCH HOSPITAL

图书在版编目（CIP）数据

纽约城市更新中的形式逻辑 = The Formal Logic of Urban Renewal in New York City / 周林著. — 北京：中国城市出版社，2022.7

ISBN 978-7-5074-3489-7

Ⅰ.①纽… Ⅱ.①周… Ⅲ.①城市规划—建筑设计—纽约 Ⅳ.①TU984.712

中国版本图书馆CIP数据核字（2022）第112635号

本书以17至21世纪纽约的形式源流为切入点，以建筑思潮脉络为纵轴，资本作用、艺术介入和空间再生为横轴，深入探讨纽约城市更新过程中的形式逻辑。在历时四百年的发展过程中，纽约经历了植入、探索、重构与反思阶段，在大量吸收移民文化基础上创立了极具包容性的建筑形式。艺术家也通过多种多样方式介入城市设计、表达社会关切，对城市空间中的垂直界面进行微更新。城市中的弱势空间则延续着历史文脉，其再生设计体现了叙事美、仪式美、生态美和符号美。

本书适合设计学、风景园林、建筑学、城市规划等相关专业本科及研究生，设计行业从业人员，城市更新方向课题研究学者，设计院校教师以及对国外城市设计感兴趣的大众读者阅读。

责任编辑：贺伟　吴绫
书籍设计：周林
责任校对：赵菲

纽约城市更新中的形式逻辑
THE FORMAL LOGIC OF URBAN RENEWAL IN NEW YORK CITY
周林　著

*

中国城市出版社出版、发行（北京海淀三里河路9号）
各地新华书店、建筑书店经销
北京锋尚制版有限公司制版
北京富诚彩色印刷有限公司印刷

*

开本：787 毫米×1092 毫米　1/16　印张：9¾　字数：206 千字
2022 年 7 月第一版　2022 年 7 月第一次印刷
定价：**98.00** 元
ISBN 978-7-5074-3489-7
（904470）